Einleitung

in das

Studium der Numismatik.

Einleitung

in das

Studium der Numismatik

von

H. Halke.

Zweite, mit acht Tafeln Münzabbildungen und zwei Textillustrationen versehene Ausgabe.

Berlin 1889.
Verlag von F. und P. Lehmann.

Vorwort.

Als ich damit begann, mich in meinen Mussestunden dem Studium der Numismatik zuzuwenden, war meine erste Sorge, ein Buch zu erlangen, welches geeignet wäre, mir einen kurzen Ueberblick über das gesammte Gebiet dieser umfangreichen Wissenschaft zu gewähren und mich über das für den Münzfreund und angehenden Sammler am meisten Interessante und Wissenswerthe in möglichst kurzer Zeit zu unterrichten. Meine bezüglichen Fragen, mit welchen ich mich an mir bekannte Numismatiker wandte, wurden indessen übereinstimmend dahin beantwortet, dass es ein Buch, wie ich es wünschte, nicht gebe und dass, wenn auch eine ausserordentlich reiche Literatur über die einzelnen Theile der Münzkunde vorhanden sei, es doch in neuerer Zeit Niemand unternommen habe, ein allgemeines, kurzgefasstes Handbuch derselben herauszugeben. Es blieb mir also, wie sicher vielen Anderen, nichts weiter übrig, als aus den mir zugänglichen Specialwerken mich zu unterrichten und aus der Fülle des Gebotenen das für mich Interessante herauszusuchen. Ich that dies mit der Feder in der Hand, das heisst ich machte mir kurze Auszüge und Notizen und stellte schliesslich das solchergestalt von mir Gesammelte in einer kurzen Abhandlung zusammen, welche unter dem Titel: „Die geschichtliche Entwickelung des Münzwesens“ im Archiv für Post und Telegraphie, Jahrgang 1876, erschienen ist. Wenn ich es jetzt unternehme, ein etwas umfangreicheres, aber immer noch äusserst bescheidenes allgemeines Werkchen über Numismatik herauszugeben, so haben mich hauptsächlich folgende Erwägungen dazu veranlasst.

Seit Veröffentlichung der vorgedachten Abhandlung, welche, wie ich später einsehen gelernt habe, manche Ungenauigkeiten enthält, bin ich, so weit es mein Beruf gestattete, fortdauernd bemüht gewesen, meine numismatischen Kenntnisse zu vermehren. Dieselben sind indessen, wie ich gern eingestehe, noch so gering, dass ich nicht im Entferntesten daran denken darf, etwas zu bieten, das sich mit den Werken unserer bekannten numismatischen Schriftsteller annähernd in gleiche Linie stellen kann. Letztere haben im Laufe der Zeit bald diesen, bald jenen Theil der Münzkunde eingehend und systematisch behandelt, sie haben unsere Kenntniss derselben durch gelehrte Untersuchungen und Forschungen erweitert, während ich mich darauf beschränke, die Ergebnisse dieser Forschungen in kürzester Form und nur insoweit, als ich annehme, dass sie von allgemeinerem Interesse sind, in nachfolgendem Werkchen zusammenzustellen. Mein Unternehmen dürfte hiernach Manchem vielleicht etwas kühn erscheinen. So viel mir bekannt, ist aber ein allgemeines Handbuch über Numismatik auch in neuester Zeit nicht erschienen. Die meist noch aus dem vorigen Jahrhundert herrührenden derartigen Werke wie: Einleitung zur Medaillen- oder Münzwissenschaft, Leipzig 1718; Ludwig, Einleitung zu dem teutschen Müntzwesen mittler Zeiten, Halle 1709; Heusinger, Versuch einer Abhandlung von dem Nutzen der Teutschen Münzwissenschaft mittlerer Zeiten etc. Nürnberg 1750, und selbst Leitzmann, Abriss einer Geschichte der gesammten Münzkunde etc., Erfurt 1828, sind in Folge der Ergebnisse neuerer Forschungen längst veraltet, zum Theil auch nach dem Geschmack und der Gewohnheit früherer Zeit in einem schwülstigen, den jetzigen Verhältnissen nicht mehr entsprechenden Styl geschrieben. Es wäre daher sehr erfreulich, wenn einer unserer heutigen numismatischen Schriftsteller sich zur Herausgabe eines allgemeinen Handbuchs über Münzkunde entschliessen möchte. Wenn dies bis jetzt nicht geschehen ist, so vermag ich es mir nur dadurch zu erklären, dass die Herausgabe eines derartigen Werkes für den gelehrten Münzforscher zu wenig Anregendes bietet und dass derselbe bei der Fülle des Stoffes wahrscheinlich nicht umhin können würde, dem Werke einen Umfang zu geben, welcher ihn von dem Unternehmen zurückschreckt. Ich selbst habe derartige Rücksichten nicht zu nehmen, hoffe vielmehr, dass mein Schriftchen auch in seiner Unvollständigkeit und in seinem bescheidenen Umfange manchem Münzfreunde willkommen sein, vielleicht auch einer berufeneren Feder Anlass bieten wird, ein ähnliches, besseres Werk zu schreiben. Im Uebrigen ist die Arbeit insofern für mich selbst von Nutzen gewesen, als ich durch dieselbe erst veranlasst worden bin, meine Kenntnisse auf manchem mir bisher wenig bekannten Gebiete zu erweitern. Dem Grundsatze *docendo discimus* huldigend, bin ich selbst vor manchem mir bisher ganz Unbekannten nicht zurückgeschreckt, sondern ich habe oft erst Belehrung gesucht, um Belehrung ertheilen zu können.

Ich betone deshalb ausdrücklich, dass das nachfolgende Werkchen nicht für eigentlichen Numismatiker und Münzforscher geschrieben ist, sondern für den gebildeten Laien, welcher sich über das Wissenswertheste aus dem Gebiete der Numismatik im Allgemeinen unterrichten will; ferner für den Anfänger in dieser Wissenschaft, namentlich aber für den angehenden Münzsammler, welchem, auch wenn er sich nur für ein Specialfeld interessirt, doch daran liegen muss, zunächst einen allgemeinen Ueberblick über das gesammte Gebiet der Münzkunde zu erhalten. Mag er dann, wenn er diesen Ueberblick gewonnen hat, auf dem gewählten Felde rüstig weiterbauen und in Specialwerken die eingehendere Belehrung suchen, welche er zu erhalten wünscht.

Im Weiteren ist mein Werkchen, wie bereits erwähnt, nur in der knappsten Form gehalten. Aber auch in dem engen Rahmen, welchen ich mir gesetzt habe, darf es keinen Anspruch auf Vollständigkeit erheben. So habe ich mich beispielsweise bei der Darstellung des Münzwesens des späteren Mittelalters und der neueren Zeit fast nur auf Deutschland beschränkt und die übrigen Länder blos nebenbei berührt; denn einerseits würde, wenn ich diese Schranke mir nicht gezogen hätte, das Werk ganz erheblich an Umfang gewonnen haben, andererseits würden, wie ich offen eingestehe, selbst zu einer ganz kurzen Darstellung des Münzwesens der ausserdeutschen Länder meine Kräfte nicht ausreichen. Hierzu kommt, dass Letzteres den meisten deutschen Lesern nur geringes Interesse bieten und dass dieses Werkchen über die Grenzen unseres Vaterlandes schwerlich hinausdringen dürfte. Dagegen bin ich über den Rahmen eines streng numismatischen Handbuchs insofern manchmal hinausgegangen, als ich dann, wenn ich ein besonderes Interesse des Lesers dafür glaubte voraussetzen zu dürfen, einzelne Punkte welche eigentlich in das Gebiet der Geldlehre gehören, namentlich metrologische Fragen, die Währungsverhältnisse u. s. w., flüchtig berührt habe. Endlich nehme ich das, allerdings vielleicht zweifelhafte Verdienst für mich in Anspruch, dass ich, wenn auch meine Arbeit — wie es nach dem Zwecke derselben füglich nicht anders sein kann — in der Hauptsache nichts Neues bieten soll, doch mitunter da, wo es mir geeignet erschien, mit meinen eigenen Ansichten, Wahrnehmungen und Schlüssen keineswegs zurückgehalten habe. Im Uebrigen habe ich bei meiner Arbeit vorzugsweise im Auge gehabt, eine Darstellung der geschichtlichen Entwickelung des Münzwesen zu liefern. Ich zog es daher anfänglich in Betracht, ob ich derselben nicht lieber einen hierauf bezüglichen Titel geben sollte. Wenn ich Letzteres nicht gethan habe, so hat mich hauptsächlich der Umstand dazu veranlasst, dass, wie bereits oben erwähnt, der Zweck dieser Arbeit lediglich darin besteht, dem für die Numismatik sich Interessirenden, sowie dem angehenden Münzsammler Gelegenheit zu bieten, sich über die Fundamente dieser Wissenschaft zu belehren, und dass der von mir gewählte Titel diesem Zwecke, wie ich glaube, besser entspricht. Aus dem vorangeführten Grunde habe ich mich auch darauf beschränkt, nur einzelne wichtige Münztypen kurz zu beschreiben und von der Beigabe von Münzabbildungen ganz abgesehen, zumal jeder, dem Originale nicht zur Verfügung stehen, erstere sich leicht wird verschaffen können.

Was die Anordnung des Stoffes und die formelle Seite der Arbeit anlangt, so habe ich die Eintheilung in Paragraphen gewählt, da ich dieselbe für den vorliegenden Zweck am geeignetsten erachte. Es bildet hiernach jeder Paragraph für sich eine kleine selbstständige Abhandlung, doch bin ich dabei bemüht gewesen, die einzelnen Paragraphen so aneinander zu reihen beziehentlich miteinander in Verbindung zu bringen, dass der Zusammenhang der Darstellung nicht verloren geht.

Schliesslich mögen hier noch diejenigen Werke folgen, aus welchen ich bei meiner Arbeit vorzugsweise Belehrung geschöpft habe.

Eckhel, Kurzgefasste Anfangsgründe zur alten Numismatik. Wien 1774.

Derselbe, *Elementa rei numariae veterum sive prolegomena doctrinae numorum. Berolini 1841.*

A. C. E. von Werlhof, Handbuch der griechischen Numismatik. Hannover 1850.

Mommsen, Geschichte des römischen Münzwesens. Berlin 1860.

J. Friedländer und A. von Sallet, Das Königliche Münzkabinet. Berlin 1877.

Hultsch, Griechische und römische Metrologie. Breslau 1862.

H. Grote, Münzstudien. Leipzig 1857—1877.

Levy, Geschichte der jüdischen Münzen. Breslau 1877.

H. Dannenberg, Die deutschen Münzen der sächsischen und fränkischen Kaiserzeit. Berlin 1876.

Schlumberger, *Des bractéates d'Allemagne. Paris 1873.*

W. D. L. Bode, Das ältere Münzwesen der Staaten und Städte Niedersachsens. Braunschweig 1847.

C. F. von Posern-Klett, Münzstätten und Münzen der Städte und geistlichen Stifter Sachsens im Mittelalter. Leipzig 1846.

B. Koehne, Zeitschrift für Münz-, Siegel- und Wappenkunde. Berlin, Posen und Bromberg.

A. von Sallet, Zeitschrift für Numismatik. Berlin.

Numismatische Zeitschrift, herausgegeben von der numismatischen Gesellschaft in Wien.

Daneben habe ich für meine Zwecke vielfach Belehrung erhalten von meinen Freunden auf dem Gebiete der Numismatik, namentlich von den Herren Landgerichtsrath Dannenberg und Professor Dr. von Sallet in Berlin, welchen ich an dieser Stelle meinen aufrichtigen und wärmsten Dank dafür ausspreche.

Berlin, im Juni 1882.

Der Verfasser.

Vorwort zur zweiten Auflage.

Obgleich die erste Auflage meiner „Einleitung in das Studium der Numismatik“ eine für ein spezialwissenschaftliches Werk verhältnissmässig starke gewesen ist, so hat doch dasselbe eine so wohlwollende Aufnahme gefunden, dass sich jetzt eine zweite Auflage nöthig macht. Diesen Erfolg darf ich in erster Linie darauf zurückführen, dass ich mit meinem Werkchen einem thatsächlich vorhanden gewesenen Bedürfniss abzuhelfen gesucht habe.

Leider hat mein Beruf mir nicht gestattet, das Buch in solchem Masse zu verbessern und zu erweitern, wie ich wohl gewünscht hätte. Immerhin habe ich bei der Durchsicht des Manuscripts manchen mir von beachtenswerther Seite ertheilten Wink gern befolgt und namentlich die Paragraphen über die Münzen des Mittelalters und der Neuzeit mit grösseren Zusätzen versehen, die vielleicht manchem Leser von Interesse sein werden. Neu eingefügt sind der Paragraph über Münzfälschungen und ein Register, welches, wie ich glaube, besonders dem Anfänger erwünscht sein wird. Weitergehende Wünsche, namentlich solche, welche darauf gerichtet waren, die Entwickelung des Münzwesens bestimmter Länder eingehender zu behandeln, habe ich, als über den Rahmen meines Werkchens hinausgehend, nicht berücksichtigen können. Dasselbe ist eben nur eine Einleitung in das Studium der Numismatik, hauptsächlich für den deutschen, angehenden Numismatiker bestimmt, und ich weiss selbst am besten, wieviel in dem Buche garnicht, oder nur in allgemeinen Umrissen besprochen ist. Ein einigermassen vollständiges Werk würde viele Bände umfassen, und ich kann daher nur das in dem Vorwort zur ersten Auflage Gesagte wiederholen, dass der Leser, welcher eingehendere Belehrung zu erhalten wünscht, dieselbe in Specialwerken, auf die ich mehrfach verwiesen habe, suchen muss. Aus demselben Grunde muss ich auch betonen, dass der Leser nicht etwa erwarten darf, in dem beigefügten Register eine Art numismatisches Lexikon zu finden, welches über alle ihm aufstossenden Fragen Auskunft giebt.

Dagegen ist dem vielfach geäusserten Wunsche, das Werk mit Abbildungen zu versehen, in der zweiten Auflage Rechnung getragen. Dieselben sind theils nach Gypsabgüssen von Münzen und Medaillen aus dem Königlichen numismatischen Cabinet in Dresden, welche mir von dem Direktor desselben, Herrn Dr. Julius Erbstein, in dankenswerther Weise zur Verfügung gestellt worden sind, theils nach Originalen aus meiner eigenen Sammlung hergestellt. Einige Abbildungen, namentlich diejenigen von griechischen Münzen der besten Zeit, rühren von in meinem Besitz befindlichen galvanoplastischen Abgüssen aus dem Königlichen Münzcabinet in Berlin her. Im Uebrigen habe ich bei der Auswahl der abgebildeten Münzen, abgesehen von den Stücken der vorgenannten Cabinete, welche besonders schön und kostbar sind, weniger auf die Seltenheit, als darauf gesehen, dass sie die Eigenart der einzelnen Münzgattungen möglichst deutlich veranschaulichen sollen.

Aus demselben Grunde sind auch die Abbildungen im Wege des Lichtdrucks hergestellt, da dieses Verfahren meines Erachtens am besten geeignet ist, dem Laien eine richtige Vorstellung von den Originalen zu geben. Zur weiteren Bequemlichkeit habe ich endlich, obgleich im Text auf die bezüglichen Abbildungen verwiesen ist, denselben noch besondere Erläuterungen beigefügt und in letzteren auch meist die Seite angegeben, auf welcher das betreffende Stück im Allgemeinen behandelt ist.

Dresden, im Februar 1889.

Der Verfasser.

Inhalt.

§ 1.

Einleitung.

Die Numismatik oder Münzkunde ist, wie der Name andeutet, die Wissenschaft oder die Lehre von den Münzen. Sie bildet einen Zweig der Archäologie und beschäftigt sich daher mit den Münzen nur insoweit, als sie Gegenstände von historischem und culturgeschichtlichem Interesse sind. Ihre Aufgabe besteht vorzugsweise darin, Ort und Zeit des Entstehens der einzelnen Stücke, sowie den Münzherrn, welcher sie geprägt hat, zu bestimmen, die auf den Münzen vorkommenden Bilder und Inschriften zu erklären und die Entwickelung der Präge- und Stempelschneidekunst bei den einzelnen Nationen zu verfolgen. Die Numismatik ist hiernach wohl zu unterscheiden von der Geldlehre, welche einen Theil der Nationalökonomie bildet und die Münzen lediglich als Geld, das ist als allgemeinen Werthmesser behandelt und die Bestimmung des Werthverhältnisses derselben zu einander sowie zur Waare zum Gegenstande hat. Beide Wissenschaften ergänzen sich indessen in vielfacher Beziehung und dienen einander als Hülfswissenschaften. Sie sind daher nicht immer genau zu trennen. Im Uebrigen ist die Numismatik eine Wissenschaft, deren Werth von Manchem verkannt wird. Namentlich können es Viele nicht verstehen, wenn nicht allein öffentliche Münzkabinete, sondern auch Privatsammler, oft mit grossen Opfern, zahlreiche Münzen aneinanderreihen und Gelehrte wie Laien in das Studium derselben sich vertiefen. Das Sammeln der Münzen als blose Curiositäten und aus reiner Liebhaberei, ohne ernstes Studium hat allerdings keinen Zweck; noch weniger das leider nicht selten vorkommende Zusammentragen von Geldstücken älteren und neueren Gepräges, von Jetons, Marken und dergleichen, welches ebenso wie mitunter das Sammeln von andern Kunst- und historischen Gegenständen lediglich durch eine gewisse Eitelkeit, durch das Streben dictirt wird, auf dem gewählten Sammelfelde, oft sogar ohne Unterscheidung des Guten und Schlechten, recht viel und recht Seltenes zusammenzubringen. Ich spreche hier selbstverständlich nicht von den grossen öffentlichen Münzsammlungen, deren Streben nicht allein um den Anforderungen der Gelehrten wie der Laien zu genügen, sondern auch aus andern Gründen darauf gerichtet sein muss, möglichste Vollständigkeit zu erreichen und die daher genöthigt sind, neben dem Werthvollen und Interessanten auch das weniger Interessante zu beachten. Ebensowenig spreche ich von dem Münzforscher, für den es, um zu einem Resultate seiner Studien zu gelangen, oft unbedingtes Erforderniss ist, von dieser oder jener Gattung von Münzen grössere Mengen und alle irgend vorkommende, für den Laien ganz bedeutungslose Varietäten bei einander zu haben. Wenn dagegen der Privatsammler sein Streben darauf richtet, in seiner Sammlung jede bedeutungslose Varietät ein- und desselben Typus, z. B. jede Jahreszahl, jeden Münzbuchstaben u. s. w. vertreten zu haben, oder wenn er sogar auf Stempelfehler, wie sie selbst bei modernen Münzen manchmal vorkommen, besonderen Werth legt, so muss diese Art des Sammelns bei Manchem wohl Befremden erregen. Hierzu kommt, dass es dem Privatsammler, selbst wenn es ihm nicht an Mitteln fehlt, doch kaum möglich sein dürfte, während seines Lebens die gewünschte Vollständigkeit und sein Ziel, auf diesem oder jenem Gebiete mit den oft schon Jahrhunderte bestehenden Münzkabineten in die Schranken treten zu können, jemals zu erreichen. Auch wird durch diese Art des Sammelns dem Grossen und Ganzen oft wenig gedient, denn es ist im Interesse der Wissenschaft zweifellos besser, wenn ein vielleicht seltenes Stück, ein Unicum, in eine öffentliche Münzsammlung gelangt, als dass es in dem Münzschranke eines Privatsammlers, dem der Zufall günstig oder der gerade den höchsten Preis zu zahlen im Stande ist, vergraben wird. Ebenso wie das unverständige Sammeln von Münzen seitens einzelner Privatpersonen ist aber auch die Ansicht mancher sogenannter Fachgelehrten zu bekämpfen, welche geneigt sind, das Streben jedes Münzsammlers von vornherein zu belächeln und die Beschäftigung anderer Kreise mit der Münzwissenschaft beinahe als ein unberechtigtes Eindringen in ein ihnen allein vorbehaltenes Gebiet zu betrachten. Denn nicht allein der Gelehrte, sondern auch der gebildete Laie wird aus dem gedachten Studium Nutzen ziehen und ersterer müsste sich vielmehr freuen, wenn die Früchte seines Studiums auch in weiteren Kreisen Interesse erwecken.

Mit dem Studium der Münzwissenschaft wird das Sammeln von Münzen in der Regel Hand in Hand gehen. Denn es ist natürlich und für das Studium unbedingt erforderlich, dass jeder, der Interesse für die gedachte Wissenschaft besitzt, namentlich wenn ihm öffentliche Münzkabinete garnicht oder nicht in dem gewünschten Masse offen stehen, Gelegenheit sucht, die Gegenstände seines Studiums selbst zu sehen, in die Hand zu nehmen und zu prüfen. Ueberhaupt müssen so werthvolle eherne Denkmäler der Vergangenheit, wie die Münzen sind, so unverfälschte

Zeugnisse der Bildungsstufe der Völker und ihrer Beziehungen zu einander für jeden Gebildeten von Interesse sein. Sie sind durch ihre mehr oder minder künstlerische Ausführung geeignet, unsern eigenen Geschmack zu bilden und geben uns oft ein anschauliches Bild von dem Aufkeimen, der Blüthe und dem Sinken der Cultur und des Kunstsinnes der Völker. Man vergleiche nur die ältesten gegossenen Erzmünzen der Römer mit den künstlerisch vollendeten Münzen derselben unter der Herrschaft eines Augustus, eines Trajan u. s. w.; dann wieder die Münzen der letzteren mit den mangelhaften Erzeugnissen der Münzkunst in der spätesten Kaiserzeit! Von dem eben beschriebenen Standpunkte aus, muss auch der Privatmann, gleichviel ob sein Gebiet beschränkt oder allgemeiner ist, vornehmlich sammeln; er muss die Münzwissenschaft als das, was sie ist, nämlich als Hülfswissenschaft der Geschichte, insbesondere der Kunst- und Culturgeschichte betrachten. Die Münzen sind alsdann für ihn sprechende Zeugen geschichtlicher Thatsachen, sie bereichern seine Kenntnisse über die Entwickelung der Kunst und Industrie, des Handels und der Gewerbe, der Sitten und Gebräuche, der religiösen und politischen Anschauungen der Völker. Eine gut eingerichtete Münzsammlung bietet nicht blos eine mehr oder minder umfangreiche chronologische Uebersicht, sondern sie vergegenwärtigt uns auch die Geschichte der betreffenden Völker in ihren vortretenden Begebenheiten und Persönlichkeiten. Die Numismatik ist mithin dem Streben des Einzelnen wie überhaupt der Geschichtsforschung nicht nur nützlich und förderlich, sondern der letzteren geradezu unentbehrlich, und schon oft sind zweifelhafte oder ganz unbekannte geschichtliche Thatsachen mit Hülfe der Münzwissenschaft aufgeklärt oder erforscht worden. So haben wir beispielsweise von zahlreichen Dynasten des Alterthums erst aus den noch vorhandenen Münzen derselben Kenntniss erhalten; in andern Fällen, wo die Zeugnisse der Schriftsteller gefälscht sind oder uns ganz im Stich lassen, ist es lediglich die Numismatik, welche durch die Münzen unverwerfliche Beweise für die Richtigkeit dieser oder jener Thatsachen bietet. An der Hand kleiner, von dem Tetrarchen Herodes Antipas in Palästina geprägter Kupfermünzen hat man sogar neuerdings nachgewiesen, dass unsere christliche Zeitrechnung insofern unrichtig ist, als die Geburt Christi fünf Jahre zu spät angesetzt ist. Die antiken Münzen sind endlich auch deswegen noch von besonderem Nutzen, weil sie unsere Kenntniss der alten Sprachen und Schriftzeichen, deren Form sich im Laufe der Jahrhunderte oft ganz verändert hat, wesentlich bereichern. Sie zeigen uns ferner die Bildnisse von Göttern und Heroen, von Tempeln, gottesdienstlichen und häuslichen Geräthschaften, Waffen und anderen Gegenständen. Auf zahlreichen Münzen des Alterthums finden wir die künstlerisch schön und lebenswahr ausgeführten Portraits der betreffenden Fürsten und Herren mit Angabe ihres Namens. Es ist daher einleuchtend, dass die Numismatik nicht nur eine wichtige Hülfswissenschaft der Geschichte und der Culturgeschichte ist, sondern dass sie auch vielen andern Wissenschaften, wie der Sprachenkunde, Mythologie, Ikonographie u. s. w. sich fördernd anschliesst.

§ 2.

Das Bestimmen der Münzen.

Eine Münze bestimmen heisst derselben nach Ort und Zeit ihres Ursprungs den richtigen Platz unter andern Münzen anweisen und feststellen, für welches Land oder Gebiet, von welchem Münzherrn, aus welcher Veranlassung sie geprägt ist u. s. w. Ist die Münze mit einer auf diese Fragen bezüglichen ausreichenden Aufschrift und mit erläuternden Zeichen und Darstellungen versehen, so bietet das Bestimmen derselben selbst dem Laien keine Schwierigkeiten. Anders verhält es sich, wenn die Aufschrift, wie es auf den antiken und mittelalterlichen Münzen unendlich oft vorkommt, mehr oder weniger abgekürzt oder gar blos aus den betreffenden Anfangsbuchstaben besteht, wenn die bildlichen Darstellungen in Folge ihrer Eigenartigkeit oder mangelhaften Ausführung schwer zu deuten sind, oder wenn dieselben auf Münzen verschiedener Herren und verschiedener Zeiten gleichmässig vorkommen. Bedenkt man endlich, dass bis Ausgang des Mittelalters der Gebrauch, die Münzen mit Jahreszahlen nach der christlichen Zeitrechnung zu versehen, nicht bekannt war, dass die Namen zahlreicher Münzherren gleichlautend und, der damaligen Sitte entsprechend, durch Beisetzung des Titels, der Folgenummern und dergleichen nicht immer von einander unterschieden sind, dass endlich eine grosse Menge von Münzen überhaupt ganz schriftlos (stumm) oder mangelhaft geprägt und von schlechter Erhaltung ist, so lässt sich begreifen, welche grossen Schwierigkeiten das Bestimmen derselben dem Münzforscher oft verursacht. Es bietet sich demselben in solchen Fällen ein ebenso ausgedehntes als mühsames Feld der Thätigkeit und es müssen dann oft weit auseinanderliegende und dem Laien ganz bedeutungslos erscheinende Umstände zusammenwirken und in Betracht gezogen werden, um den Forscher zum Ziele zu führen.

Die erste, nicht aber immer sicherste Quelle zum Bestimmen der Münzen der alten Zeit und des Mittelalters bieten die Zeugnisse der Schriftsteller und die auf uns gekommenen Urkunden, doch mangelt es oft an beiden. Dann sind es im Alterthum bestimmte, von den

Münzherren und münzberechtigten Städten angenommene, wappenähnliche Symbole, welche die Aufschrift zum Theil zu ersetzen vermögen, sobald sie aus andern, mit erklärender Aufschrift bereits versehenen Münzen oder aus sonstigen Quellen uns schon bekannt sind. Bei den späteren Mittelaltermünzen unterstützen die auf den Münzen vorkommenden Wappen wesentlich die Arbeit des Forschers, und es ist daher die Heraldik eine der wichtigsten Hülfswissenschaften der Numismatik. Immerhin reicht Erstere keineswegs aus, die zahlreichen schriftlosen oder mit mangelhafter Aufschrift versehenen Münzen des Mittelalters zu erklären, denn der Gebrauch, Wappen auf die Münzen zu setzen, kam erst verhältnissmässig spät auf, und dann sind die Wappen verschiedener Münzherren oft ganz gleich oder wenigstens einander so ähnlich, dass es bei mangelhafter Darstellung derselben und dem Fehlen der Tincturen häufig ganz unmöglich ist, die betreffenden Münzen richtig zu bestimmen. So führen beispielsweise zahlreiche Fürsten und Herren wie Städte den Löwen im Wappen. Derselbe ist oft in dem einen Wappen genau wie in dem andern dargestellt, oder nur durch kleine auf den Münzen nicht beachtete oder nicht erkennbare Beizeichen zu unterscheiden. Wem soll nun eine kleine, blos den aufgerichteten Löwen tragende, schriftlose Münze beigelegt werden? Um zum Ziele zu gelangen, muss der Münzforscher in solchen Fällen zu weiteren Mitteln greifen. Er wird zunächst die Münze nicht nur nach ihrem Typus, ihrem allgemeinen Charakter, sondern auch in Bezug auf ihre Grösse, ihr Gewicht, ihren Gehalt u. s. w. mit andern ihm bekannten Münzen vergleichen. Thatsächlich wird auch zu diesem Behufe das Gewicht von zahlreichen Münzen auf das sorgfältigste ermittelt, nicht selten werden grössere und kleinere Mengen, lediglich um ihren Gehalt zu prüfen, eingeschmolzen. Dann wird der Münzforscher bei seiner Arbeit nach historischen

Quellen suchen — auch alte Urkunden, Kauf- und Pachtverträge etc. geben in dieser Beziehung oft höchst schätzenswerthes Material — und hieraus sowie aus manchen andern, anscheinend ganz fern liegenden Umständen seine Schlüsse ziehen. Es geht ihm in dieser Beziehung, wie dem Archäologen, denn es erfordert oft lange Zeit und das Zusammenwirken mehrerer Forscher, von denen der eine auf den Resultaten des andern weiter baut, um endlich zu dem gewünschten Ziele zu gelangen.

Die Hauptquellen, aus welchen der Münzforscher schöpft, sind indessen die Münzfunde. Schon die Lage des Fundortes giebt ihm in der Regel einen wichtigen Anhalt für die Feststellung des Ursprungslandes der betreffenden Münzen. Dies gilt namentlich von vielen deutschen Mittelaltermünzen, welche meist nur ein beschränktes Umlaufsgebiet hatten, und man kann daher beispielsweise bei einem Bracteatenfunde stets mit ziemlicher Sicherheit annehmen, dass die Prägestätte nicht weit von dem Orte des Fundes gelegen hat. Dann bieten die Zahl der in dem Münzfunde vertretenen verschiedenen Münzgattungen, die Zahl der Stücke, aus welchen jede Gattung besteht, die einzelnen Stempelverschiedenheiten, namentlich aber die im Funde vorhandenen, bereits bekannten oder mit zweifelloser Aufschrift versehenen Münzen ein schätzbares Material, auch die noch unbekannten Stücke zu bestimmen. „So bedarf es, wie Dannenberg in ‚Die deutschen Münzen der sächsischen und fränkischen Kaiserzeit, Seite 40, hervorhebt, keines Beweises, dass, wenn unter Tausenden von Münzen sich keine einzige befindet, welche eine bestimmte Zeitgrenze überschreitet, man auch von den chronologisch zweifelhaften annehmen darf, dass sie dasselbe Jahr einhalten; dass also, wenn z. B. unter einer so grossen Zahl sich keine Münze befindet, welche über Konrads II. Todesjahr (1039) hinausfällt, alsdann auch mit Grund zu glauben ist, dass Münzen mit dem

Namen Heinrich nur von seinem Vorgänger Heinrich II., nicht von seinem Nachfolger Heinrich III. ausgegangen sind; dass ein grösserer Fund, in welchem Konrad II. und seine Zeitgenossen gar nicht vertreten sind, uns nöthigt, alle in ihm enthaltenen Kaisermünzen von Heinrich, dem zweiten dieses Namens zuzuschreiben, und dass namentlich mehrfache solcher gleichartiger Funde, wie wir deren gerade aus der hier beispielsweise angeführten Zeit Konrads II. und Heinrichs II. besitzen, schliesslich zu einer unumstösslichen Gewissheit führen." Es ist daher von der grössten Wichtigkeit, dass Funde unbekannter oder zweifelhafter Münzen, wie solche noch heut verhältnissmässig oft vorkommen, nicht zerstreut oder gar eingeschmolzen, sondern in ihrer Gesammtheit und unter genauer Angabe des Fundortes zunächst Sachverständigen zur Prüfung vorgelegt werden, da sie nur in diesem Falle der Münzforschung in dem wünschenswerthen Masse dienen können. Aber auch Funde von älteren bekannten, namentlich gut erhaltenen Münzen sind oft geeignet, eine wünschenswerthe Bestätigung bereits vorhandener Ansichten zu geben oder etwa noch vorhandene Zweifel zu lösen, wenn sie dem Münzforscher zum Zwecke seiner Studien in ihrem ganzen Umfange zugänglich gemacht werden. Aus denselben Gründen sind die mit einer für den Laien oft schwer verständlichen Sorgfalt und Genauigkeit angefertigten Beschreibungen von dergleichen Funden von um so grösserem Werth für die Münzforschung, als unsere Kenntniss in vielen Zweigen der Numismatik zur Zeit noch eine mehr oder weniger unvollkommene ist und jeder Münzfund wesentlich dazu beitragen kann, dieselbe zu erweitern. Dass die Erde, wie die fortwährenden und oft wichtigen Funde beweisen, noch zahlreiche numismatische Schätze birgt, danken wir der Sitte unserer Vorfahren, ihr Vermögen, zu dessen anderweiter sicherer Unterbringung ihnen die Gelegenheit fehlte, zu

Zeiten des Krieges und der gemeinen Gefahr, vor Antritt von Reisen u. s. w. der Erde anzuvertrauen. Letztere bewahrt aber, wenn der Eigenthümer in den wilden Kriegsläufen oder sonst seinen Tod fand, diese Schätze treulich auf, bis oft der Zufall sie wieder zu Tage fördert.

§ 3.

Eintheilung der Münzkunde.

Die Münzkunde zerfällt ebenso wie die Geschichte in drei Hauptabschnitte, deren erster die Münzen der alten Welt oder die antiken Münzen umfasst, während der zweite Abschnitt die Münzen des Mittelalters und der dritte diejenigen der neuen Zeit in sich schliesst. Im Uebrigen darf man sich bei dieser Eintheilung ebensowenig wie bei der Eintheilung der Geschichte genau an die historischen Ereignisse halten, welche man gewöhnlich als die Grenzen zwischen dem einen und dem andern Zeitalter betrachtet; man darf also den Beginn der Münzkunde des Mittelalters nicht gerade in das Jahr der Zerstörung des weströmischen Reiches (476 n. Chr.) und das Ende derselben in das Jahr der Entdeckung Amerikas (1492 n. Chr.) setzen. Denn wie die vorgedachten Ereignisse nicht für sich allein, sondern erst in Verbindung mit einer Reihe anderer geschichtlicher Thatsachen und bedeutsamer Umwälzungen im Staats- und Völkerleben den charakteristischen Unterschied der einzelnen Zeitalter herbeiführten, so können auch die Münzen, die Producte menschlicher Cultur und die Vermittler des Verkehrslebens der Völker, nicht in einem bestimmten, fast willkürlich gewählten Jahre allgemein eine solche Umwandlung erfahren haben, dass es gerechtfertigt wäre, dasselbe als die Grenze des betreffenden Abschnitts der Münzkunde zu betrachten. Der Uebergang vollzog sich vielmehr allmählich und bei den verschiedenen Völkern und neu entstehenden Staaten in oft weit auseinander liegenden Zeiträumen. So weichen zum Beispiel die Münzen der oströmischen Kaiser (die byzantinischen Münzen) noch lange nach dem Untergange des weströmischen Reiches so wenig von ihrem ursprünglichen Typus ab, dass sie, abgesehen von der zu vermeidenden Unterbrechung der fortlaufenden Reihenfolge, schon aus dem vorerwähnten Grunde vielfach noch den antiken Münzen beigezählt und mit letzteren zusammen behandelt werden. Auch die von den Gothen und Vandalen in Italien und Afrika geprägten Münzen lehnen sich fast ganz den diesen Völkern dort gebotenen römischen Vorbildern an und können daher als eine neue, ihnen eigenthümliche Münzgattung füglich nicht betrachtet werden.

Aus den angeführten Gründen erscheint es zweckmässig, dem Mittelalter, unbeschadet einzelner aus einem Zeitalter in das andere übergreifender Münzreihen, erst diejenigen Münzen zuzutheilen, welche nach Beendigung der Völkerwanderung, also etwa seit 500 n. Chr. geprägt sind. Ebenso dürfte es gerechtfertigt sein, als das Ende der mittelalterlichen Münzprägung nicht das Jahr 1492 oder den Ausgang des fünfzehnten Jahrhunderts, sondern im Allgemeinen erst den Anfang des sechszehnten Iahrhunderts (Beginn der Reformation) anzunehmen, da mit diesem Zeitpunkte das Aufblühen anderer Künste zusammenfällt, insbesondere auch die bisherigen, meist gothischen Schriftzeichen (Mönchsschrift) durch die Wiedereinführung der lateinischen und Anwendung unserer heutigen Schreib- und Frakturschrift endgültig verdrängt werden.

Was die Unterabtheilungen anlangt, in welche die Hauptabschnitte der Münzkunde zu zerlegen sind, so werden die Münzen des Alterthums in zwei grosse

Hauptgruppen geschieden: die römischen, welche wieder in das altrömisches Schwergeld, die übrigen Münzen der Republik und die Münzen der Kaiserzeit zerfallen, und in die nichtrömischen Münzen. Letztere unterschied man früher nach den Münzberechtigten, welche sie hatten prägen lassen, in die Münzen der Fürsten, Völker (Republiken) und Städte *(numi regum populorum et urbium)*, während man heute alle nichtrömischen Münzen des Alterthums, in allerdings nicht ganz correcter Weise, nach der bedeutendsten Klasse derselben meist unter der allgemeinen Bezeichnung griechische Münzen zusammenfasst. Es werden also zu Letzteren nicht blos die Münzen des eigentlichen Griechenlands und der griechischen Inseln und Colonien, sondern auch die Münzen der macedonischen Könige, insbesondere Alexanders des Grossen und der Diadochen sowie überhaupt aller Städte und Länder, in welchem griechische Cultur herrschte, gerechnet. Auch gehören hierher die Münzen der Perser und der Juden, sowie anderer semitischer Völker. Man ordnet grössere Sammlungen griechischer Münzen in der Regel nach dem Eckhel'schen System dergestalt, dass man ohne Rücksicht auf die Zeit des Beginns der Münzprägung in den einzelnen Ländern, mit Hispanien anfangend, die Münzen der übrigen Länder des mittelländischen Meeres der Reihe nach folgen lässt, an die Münzen Klein-Asiens auch diejenigen der weiter zurückliegenden Länder Asiens anreiht und dann mit den Küstenländern Nord-Afrikas die Reihe schliesst. Diese Anordnung hat den für grosse Kabinete wichtigen Vorzug des schnellen Auffindens jeder einzelnen Münze. Für kleinere Sammlungen, welche nur dazu bestimmt sind, einen allgemeinen Ueberblick über die Entwickelung des Münzwesens zu geben, wird es sich empfehlen, die griechischen Münzen nach dem Wege, welchen ihre Ausbreitung genommen hat, zu ordnen, also mit Hellas, den Inseln des ägäischen Meeres und Klein-Asiens (vergl. § 5) zu beginnen, dann den Norden Griechenlands, Siciliens und Gross-Griechenlands, sowie die übrigen Länder mit griechischer Cultur folgen zu lassen und mit den Münzen Persiens und der semitischen Völker zu schliessen. Besonders behandelt werden in der antiken Numismatik in der Regel die, allerdings verhältnissmässig wenig zahlreichen und wenig interessanten Münzen mit barbarischem Gepräge, das sind Münzen derjenigen den Römern nicht unterworfenen Völker, welche von letzteren mit dem allgemeinen Namen Barbaren bezeichnet wurden, oder während des Sinkens der Römerherrschaft von einzelnen in römische Provinzen eingedrungenen barbarischen Völkern nach römischen Mustern, jedoch in roher und unvollkommener Weise geprägt wurden.

In Bezug auf die Eintheilung der Münzen des Mittelalters und der Neuzeit bestehen keine allgemein anerkannten festen Normen. Naturgemäss giebt indessen die Geographie, insbesondere die historische Geographie, eine der wichtigsten Hülfswissenschaften der Münzkunde, den besten Fingerzeig, das weite Gebiet derselben innerhalb der vorgedachten allgemeinen Grenzen systematisch zu behandeln. Viele Münzkabinete sind daher im Allgemeinen nach dem geographischen System geordnet, und nur in einzelnen Theilen, zum Beispiel bei den Münzen der Staaten, welche unmittelbar aus der Völkerwanderung hervorgingen, erscheint es zweckmässig, von diesem System abzuweichen. Ein anderes System, welches sich namentlich für kleinere Münzsammlungen eignet, ist das synchronistische, doch darf man dabei selbstverständlich die Münzen der verschiedenen Länder nicht jahrgangweise nebeneinander legen, sondern man muss sie nach grösseren oder kürzeren, mit den geschichtlichen Ereignissen im Einklange stehenden Perioden trennen und erhält dann ein interessantes Bild der Entwickelung des gesammten Münzwesens. Auch ist eine zweckmässige Vereinigung des geographischen und synchronistischen Systems geeignet, bei der Behandlung des umfassenden Gebietes der gesammten Münzkunde wie bei der Anordnung allgemeiner Münzsammlungen uns die erforderliche Klarheit und Uebersichtlichkeit zu verschaffen. Grössere Sammlungen werden naturgemäss in erster Linie nach den Welttheilen, welchen die Münzen angehören, geordnet. Dann scheidet man die Münzen nach den in sprachlicher und ethnographischer Beziehung sich ergebenden Staatengruppen, innerhalb deren dann wieder die einzelnen Staaten besondere Unterabtheilungen bilden. So wird man bei Europa die einzelnen Länder nicht willkürlich aufeinander folgen lassen, sondern die romanischen Staaten: Portugal, Spanien, Italien und Frankreich, die germanischen Staaten: Deutschland, England, Schweden, Norwegen, Dänemark und Holland, die slavischen Länder: Russland, Polen u. s. w. sowie die aus verschiedenen Volksstämmen zusammengesetzten, mehrsprachlichen Staaten je zu einander gruppiren und innerhalb dieser grossen Unterabtheilungen die einzelnen Länder für sich ordnen. Ganz besonders behandelt werden in der Regel die orientalischen Münzen, weil dieselben sich auf mehrere Welttheile erstrecken, ferner die modernen überseeischen und Colonialmünzen, sowie die Medaillen, falls man nicht vorzieht, letztere den Kurrentmünzen jedes Landes folgen zu lassen. Ein längerer Aufsatz über wissenschaftliche Klassification der mittelalterlichen und modernen Münzen von Dr. A. Ritter von Pawlowski ist im Band XIV. der Wiener numismatischen Zeitschrift, Jahrgang 1882, enthalten.

Was die deutsche Münzkunde des Mittelalters und der Neuzeit anlangt, so lässt sich dieselbe unter gleichzeitiger Berücksichtigung der historischen Ereignisse, der allgemeinen charakteristischen Merkmale und des vorherrschenden Typus der Münzen innerhalb gewisser Zeiträume, sowie der verschiedenen auf einander folgenden Münzsysteme in folgende Hauptabschnitte zerlegen:

1. Die Zeit der Karolinger, wobei indessen eine genaue Trennung Deutschlands von den beiden andern aus dem Theilungsvertrage von Verdun hervorgegangenen Reichen, dem lotharingischen und Frankreich, nicht gut angängig sein wird.

2. Das Zeitalter der sächsischen und fränkischen Kaiser von 936—1137.

3. Das Zeitalter der hohenstaufischen und der denselben folgenden Kaiser bis etwa zum Beginn des vierzehnten Jahrhunderts oder das Zeitalter der während dieser Periode in dem grössten Theile Deutschlands vorherrschenden Bracteatenprägung.

4. Die Zeit vom Beginn des vierzehnten bis zum Anfang des sechszehnten Jahrhunderts oder das Zeitalter der Herrschaft des Groschens und des Beginns der Goldprägung.

5. Die Neuzeit, beginnend mit dem Anfang des sechszehnten Jahrhunderts und charakteristisch durch die Ausbreitung und Herrschaft des Thalers beziehentlich der grossen Silbermünzen.

§ 4.

Beginn der Münzprägung.

Bekanntermassen bestand in den Zeiten vor Erfindung des Geldes der Handel in einfachem Tausche entbehrlicher gegen andere nützliche odet nothwendige Gegenstände, und es war der Bedarf des einen oder des andern dieser Gegenstände der gegenseitige Werthmesser der Waaren. Das Bedürfniss, den Werth einer Sache nach gewissen ein für allemal feststehenden Gegenständen zu bestimmen, mag sich indessen beim Zunehmen der Lebensbedürfnisse und bei der fortschreitenden Entwickelung der Cultur bald herausgestellt haben. Es darf angenommen werden, dass das älteste allgemein gebräuchliche Tauschmittel das Heerdenvieh gewesen ist, da in diesem meist der Hauptreichthum der Völker bestand. Andere Mittel, den Werth einer Sache zu bestimmen, waren Sklaven, Felle, Eisen, Erzstücke und sonstige Waaren oder Landesproducte. Noch heut benutzen uncivilisirte Völker ähnliche Gegenstände als Tauschmittel; es sei hier nur an die in Hinterindien und in einzelnen Theilen Afrikas gebräuchlichen Kauris (eine Muschelart, welche die Stelle des Geldes vertritt,) und an die Salztafeln erinnert, deren sich gewisse Stämme Innerafrikas im Handelsverkehr bedienen; ferner an das Palmöl und die Copra, welche Landesproducte noch heut in Kamerun im Verkehr der Europäer mit den Eingeborenen den Hauptwerthmesser bilden und erst neuerdings gesetzlich in ein bestimmtes Werthverhältniss zur deutschen Reichsmünze gebracht worden sind, dergestalt, dass die landesübliche Wertheinheit, das Kru Palmöl auf 20 Mark = 80 Liter Palmöl = 160 Liter Palmkerne gesetzt ist. Im Alterthum wurden nach dem Heerdenvieh Gold, Silber und Kupfer die hauptsächlichsten Tauschmittel, denn die erstgedachten beiden Metalle eigneten sich wegen ihrer Schönheit, Seltenheit, Dauerhaftigkeit und Theilbarkeit, das letztere wegen seiner Verwendbarkeit für das praktische Leben, am besten zu allgemeinen Werthmessern. Die gedachten Metalle wurden von Käufer und Verkäufer einander zugewogen, bald wohl auch, um ihren Gebrauch als allgemeines Umlaufsmittel zu erleichtern, in Barren von gewisser Form und bestimmtem Gewicht gegossen. Um nun das Abwägen zu ersparen, ging man später dazu über, diese Barren zu stempeln oder gleich beim Guss mit gewissen auf das Gewicht, den Courswerth u. s. w.

bezüglichen Bildern oder Zeichen zu versehen.*) Letztere konnten aber das Gewicht nur dann genügend ersetzen, wenn dem Verkäufer eine Garantie geboten war, dass die Marke oder der Stempel das Gewicht des Metallstückes und die Legirung desselben richtig bezeichnete. Da nun Metallbarren zum Austausch nach der Wage jeder Einzelne sich selbst leicht herstellen konnte, so musste das Stempeln von der Gesammtheit, das ist vom Staate ausgehen, und es erklärt sich hieraus, dass, sobald ein Volk in der Entwickelung weit genug vorgeschritten war, um sich des Geldes zu bedienen, der Staat die Regelung des Münzwesens übernahm. Ebenso ist es erklärlich, dass, sobald ein Volk nur einmal dazu gelangt war, sich gestempelter Barren als eines Tauschmittels zu bedienen, die Kunst, Münzen zu prägen, sich von selbst entwickelte. Denn zur Erreichung möglichster Theilbarkeit der Kaufsummen und für den praktischen Gebrauch mussten diese gestempelten Metallstücke klein und in handlicher Form, ähnlich unsern heutigen Münzen, hergestellt werden.

Die Zeit, zu welcher man die ersten eigentlichen Münzen geprägt hat und welches Volk sich zuerst der Münzen als eines allgemeinen Tauschmittels bediente, hat sich bis jetzt noch nicht genau bestimmen lassen. Jedenfalls liegt die Zeit der Erfindung der Münzen nicht so weit zurück, als man nach den bis auf uns gelangten Ueberresten der hohen Cultur mancher Völker des Alterthums erwarten möchte. Es wird zwar vermuthet, dass

*) Dergleichen gestempelte oder mit Münzbildern versehene Barren sind zwar aus der ältesten Zeit nicht auf uns gekommen; der Umstand jedoch, dass die Römer (vergleiche § 12) und auch verschiedene Völker der Neuzeit, z. B. die Russen, solche besessen haben, spricht dafür, dass die Barrenprägung oft den Uebergang von der Anwendung rohen Metalls als Tauschmittel zur eigentlichen Münzprägung gebildet haben mag.

die Chinesen, wie sie den übrigen Völkern mit manchen andern Erfindungen vorausgegangen sind, so auch zuerst des zweckentsprechend geformten Metalls, also der Münzen, als eines Tauschmittels sich bedient haben, doch ist dies eben nur eine durch nichts bewiesene Vermuthung. Die alten Babylonier, Assyrer, Aegypter, wie hoch auch die Cultur dieser Völker gewesen ist, haben uns doch nichts hinterlassen, was auf den Gebrauch eigentlichen Geldes schliessen lässt, und wenn auch die Aegypter, wie neuere Forschungen ergeben haben, ringförmig gebogener Metalldrähte und dicker Metallstangen sich als eines Tauschmittels bedienten, so können dieselben doch nicht als Münzen in dem Sinne, welchen wir heut mit diesem Begriff verbinden, betrachtet werden. Ebensowenig darf aus den in den ältesten Büchern der Bibel vorkommenden Werthbestimmungen nach „Geld, Groschen, Sekeln u. s. w.“ (vergleiche zum Beispiel I. Mosis XIII, 2 und XX, 16) auf das Vorhandensein eigentlicher Münzen geschlossen werden, denn jene Benennungen sind nur die freie Luthersche Uebersetzung und beziehen sich lediglich auf gewisse Mengen Gold und Silber, dessen sich die Juden schon frühzeitig als eines Tauschmittels bedienten, welches sie aber beim Handel einander lediglich zuwogen. Insonderheit war der Sekel ursprünglich nur ein Gewicht und erst in später Zeit diente diese Benennung zur Bezeichnung eines Geldstücks von gleichem oder ähnlichem Gewichte. Auch zur Zeit des trojanischen Krieges (1194—1184 v. Chr.) hat es noch keine Münzen gegeben, da Homer solche nirgends erwähnt, sondern den Werth einer Waare stets nach andern Gegenständen, meist nach Ochsen, bemisst. Ebenso lässt sich annehmen, dass Homer, obwohl er lange nach dem gedachten Kriege lebte, selbst noch keine Münzen gekannt hat, da er andernfalls das zu seinen Lebzeiten Gebräuchliche wohl in den von ihm geschilderten Vorgängen bereits als vorhanden vorausgesetzt hätte.

Nach einer allgemein verbreiteten Ansicht sollen die ersten Münzen unter dem Könige Pheidon von Argos (um 700 v. Chr.) auf der Insel Aegina, woselbst die Bearbeitung der Metalle schon früh ausgebildet war, geschlagen worden sein. Diese Ansicht beruht auf einer Inschrift der sogenannten parischen Chronik*), welche lautet: ΑΦ . ΟΥ . Φ - ΔΩΝ . Ο . ΑΡΓΕΙΟΣ. . . ΕΣΚΕΥΑΣΕ.ΚΑΙ.ΝΟΜΙΣΜΑ.ΑΡΓΥΡΟΥΝ. ΕΝ . ΑΙΓΙΝΗ . ΕΠΟΙΗΣΕΝ . ΕΝΔΕΚΑΤΟΣ . ΩΝ . ΑΦ . ΗΡΑΚΔΕΟΥΣ. *(Ex quo Phidon Argivus . . . apparavit, et numum argenteum in Aegina signavit, undecimus ab Hercule.)* Da indessen die parische Chronik verhältnissmässig spät geschrieben ist und die ältesten äginetischen Münzen selbst keine Andeutung enthalten, welche mit einiger Sicherheit auf die Zeit ihres Entstehens schliessen lässt, so wird vorstehende Nachricht, ebenso wie es mit vielen Zeugnissen der alten Schriftsteller, welche weit zurückliegende Zeiten behandeln, der Fall ist, mit Vorsicht aufzunehmen sein. In der That wird auch von Herodot, dem Vater der Geschichte, erzählt, dass nicht die Aegineten, sondern die Lydier die ersten Menschen gewesen seien, welche sich geprägter Gold- und Silbermünzen bedient hätten. Diese Annahme wird durch den Umstand unterstützt, dass in dem alten Lydien Münzen gefunden worden sind, welche alle Kennzeichen hohen Alterthums tragen, doch dürften die Münzen einzelner Inseln des ägäischen Meeres nach den vorhandenen Merkmalen nicht minder alt sein, und es erscheint daher die Annahme nicht ungerechtfertigt, dass diese Inseln gleichsam eine Brücke zwischen Asien und

*) Die parische Chronik ist mit andern in der Levante gesammelten Alterthümern im siebzehnten Jahrhundert von dem Grafen von Arundel nach England gebracht worden und umfasst den Zeitraum von 1582—264 v. Chr.

Europa gebildet haben, und dass die Münzprägung auf Aegina, auf den Inseln des ägäischen Meeres und in Kleinasien, woselbst die Griechen bald nach dem trojanischen Kriege zahlreiche Niederlassungen gegründet und griechische Sprache und Cultur eingeführt hatten, um das Jahr 700 v. Chr. ziemlich gleichzeitig begonnen hat.

Im Uebrigen verbreitete sich die Kunst der Münzprägung in der alten Welt, namentlich in den Ländern und Städten, wohin griechische Cultur drang, sehr rasch. So wissen wir bestimmt, dass man sich in den unteritalischen Städten (Grossgriechenland) schon sehr zeitig der Münzen bediente, denn es ist uns eine von den Städten Siris und Buxentum gemeinschaftlich geprägte Münze bekannt, welche, da die erstgenannte Stadt bereits 580 v. Chr. zerstört worden ist, vor diesem Jahre geschlagen sein muss. An der Hand dieses sichern Datums dürfen wir also als zweifellos annehmen, dass die Münzprägung mindestens schon drittehalb Jahrtausend alt ist.

§ 5.

Die ältesten Münzen und ihre Herstellung.

Die ältesten uns bekannten griechischen Münzen haben nur auf einer Seite eine bildliche Darstellung und sind mit geringen Ausnahmen von Silber, während diejenigen der Lydier und Perser anfänglich zumeist von Gold waren. Daneben giebt es noch eine, vorzugsweise von den griechischen Colonien in Kleinasien ausgegangene Art uralter Münzen, welche aus gemischtem Gold und Silber, Elektrum genannt, geprägt sind. Die Art der Herstellung aller dieser Münzen war einfach. Man legte ein kugel- oder linsenförmig gegossenes Stück Metall auf einen Amboss, in welchen das der Münze zu gebende Bild (der Unterstempel) eingegraben war. Sodann setzte man auf die obere Seite des Metallstücks den Oberstempel, ein meisselförmiges, unten abgeplattetes Instrument und schlug auf das obere Ende des letzteren dergestalt mit dem Hammer, dass sich sowohl das Münzbild als auch das untere Ende des Oberstempels auf dem Metallstück, welches gleichzeitig durch den Hammerschlag eine flache Form annahm, abdrückte. Möglich auch, dass das Verfahren umgekehrt war, indem der Oberstempel das Münzbild trug. Die untere Fläche des zweiten, bildlosen Stempels hatte eine quadratische Form oder ein in dieselbe erhaben geschnittenes einfaches Quadrat, so dass sich auf der Rückseite der Münzen viereckig begrenzte Vertiefungen bildeten, welche unter dem Namen des *„quadratum incusum"* bekannt sind. Dasselbe war meist durch Linien getheilt und wurde später mit einzelnen Zeichen versehen, bis man endlich dazu überging, in den zweiten Stempel ebenfalls ein richtiges Bild einzugraben und auf diese Weise zweiseitig geprägte Münzen zu erzielen. Die quadratische Form des zweiten Stempels wurde indessen, auch nachdem demselben Bild und Aufschrift eingegraben war, an manchen Orten, z. B. in Athen, auf Aegina, Rhodus noch lange beibehalten.

Der Styl der ältesten Münzen ist einfach und kunstlos; die Typen sind häufig dem Thier- oder Pflanzenreich entnommen (I. 2); auf den in Kleinasien geprägten Münzen kommen auch phantastische Thiergestalten vor, wie die Sphinx und der Greif. Erst später setzte man auf die Münzen das Bild einer Gottheit oder den Kopf derselben. Aufschriften enthalten die ältesten Münzen nicht; da jedoch die vorgedachten Typen wappenähnlich die Stadt oder das Land bezeichnen, in welchem sie geprägt wurden, so lässt sich ihr Ursprung aus späteren Münzen, welche neben dem Wappen auch den Stadtnamen etc. enthalten, oft mit Sicherheit bestimmen. So führten Münzen die von Aegina (I. 1) eine Meerschildkröte (weshalb sie bei den Alten unter dem Namen χελῶναι häufig erwähnt werden), von Böotien einen eigenthümlich geformten Schild, von Corinth einen Pegasus, von Ephesus eine Biene, von Melos einen Apfel, von Rhodus eine Rose, von Chios eine geflügelte Sphinx, von Barce und Cyrene in Afrika die Silphiumpflanze, deren Saft ein berühmtes Gewürz und Heilmittel gab und welche die Cyrenaica, da sie dem Handel mit dieser Pflanze vornehmlich ihren Reichthum verdankte, zum Typus ihrer Münzen annahm.

§ 6.

Die Entwickelung des griechischen Münzwesens.

Wie bereits im § 5 erwähnt, waren die ältesten griechischen Münzen ohne Aufschrift und nur selten ist auf denselben der Prägeort durch den Anfangsbuchstaben des Stadtnamens angedeutet. Später wurden die Aufschriften vollständiger und neben dem Symbol beziehentlich Wappen des Landes oder des Prägeortes, welchem meist die Rückseite eingeräumt wurde, finden wir auf der Vorderseite der Münzen auch die Bilder der betreffenden Schutzgottheiten, bald in ganzer Figur, bald nur die Köpfe derselben dargestellt. Schon bei diesen ältesten Münzen müssen wir die Schönheit des Stempelschnitts, die Lebendigkeit der Darstellungen und die Zierlichkeit der Ausführung bewundern. Den höchsten Grad der Vollkommenheit erreichte indessen die griechische Münzkunst in der Zeit von Perikles bis Alexander den Grossen. Beispiele dieser Blüthezeit sind namentlich die Münzen von Aenus in Thracien, Acanthus und Amphipolis in Macedonien (I. 4), Larisa in Thessalien (I. 5), viele böotische Münzen, namentlich von Theben, ferner die Münzen von Corinth (I. 6) Sicyon, Elis (I. 7), Pheneos und Stymphalus in Arcadien, einige von Kreta, besonders Phästus, ferner von Clazomenae und Magnesia in Kleinasien, von Rhodus und von Cyrene. Wir finden auf denselben eine Fülle der schönsten Typen, welche von dem vollendeten Geschmack und der hohen Entwickelung der Stempelschneidekunst der alten Griechen Zeugniss ablegen. Die Schönheit dieser Münzen ist umsomehr zu bewundern, als die Technik der Prägekunst eine verhältnissmässig unvollkommene blieb, denn wie uns der meist unregelmässige Rand der Münzen, die in demselben mitunter vorkommenden Risse und die manchmal mehr oder minder unvollständigen Abdrücke des Stempels schliessen lassen, muss das im § 5 beschriebene Verfahren beim Prägen im Wesentlichen auch später beibehalten worden sein.

Auffallender Weise bleiben die Münzen Athens, also gerade desjenigen griechischen Staates, welcher sich durch besondere Pflege der Kunst auszeichnete, in Bezug auf die Schönheit des Stempelschnitts hinter den Münzen anderer Staaten zum Theil zurück. Sie tragen bis auf einige alterthümliche Münzen, welche aber nicht mit unbedingter Sicherheit dieser Stadt zugetheilt werden können, sondern vielleicht nach Euböa gehören, fast ohne Ausnahme auf der Vorderseite den Pallaskopf, auf der Rückseite die Eule und neben derselben einen Olivenzweig sowie die Aufschrift ΑΘΕ (I. 8). Ein Theil dieser Münzen zeigt auf der Rückseite noch das quadratum incusum; der Kopf der Pallas (im Profil) ist steif und eckig; namentlich ist das Auge geschlitzt dargestellt, als ob man es von vorn sähe; die Eule hat einen unförmig grossen Kopf und tellergrosse Augen. Auf andern Münzen Athens ist das Pallasantlitz schön geschnitten; dagegen sind der Helm und das Haar der Göttin sowie die Eule ganz im alterthümlichen Styl behandelt, namentlich ist auch die Schreibweise der Legende ΑΘΕ unverändert beibehalten — ein Umstand, welcher dafür spricht, dass hier weniger Mangel an Kunstsinn, als die Absicht vorlag, das hergebrachte Ansehen des Geldes nicht zu ändern. Denn das attische Tetradrachmon bildete im Verein mit dem Didrachmon von Corinth und seiner Tochterstädte und Colonien, wenigstens in der älteren Zeit, die grosse Masse des Silbergeldes in Griechenland. Die späteren Münzen Athens aus der Zeit der gesunkenen Kunst tragen zwar ebenfalls noch die herkömmlichen Typen und die Aufschrift ΑΘΕ, doch treten derselben Monogramme und Magistratsnamen sowie verschiedene Symbole und Beizeichen hinzu. Die Eule ist meist auf einer liegenden Amphora sitzend dargestellt.

Goldmünzen wurden im Peloponnes und in Hellas nur wenig geprägt. Auch die Kupferprägung reicht nur bis etwa 400 v. Chr. zurück. Vorher bediente man sich für den Kleinverkehr ausschliesslich der Silbermünzen, welche bis zu den kleinsten Nominalen getheilt wurden.

Von Sparta geht bekanntermassen die Sage, dass Lykurg, damit die Bürger nicht Schätze anhäufen, sondern in Einfachheit leben sollten, werthloses und ausserhalb dieses Staates nicht gangbares Eisengeld eineingeführt habe, von dem ein Betrag im Werthe von zehn Silberminen schon eine ganze Wagenladung ausmachte. Diese Sage wird, da dergleichen Eisengeld nicht auf uns gekommen ist, vielfach bestritten und darauf zurückgeführt, dass die Spartaner als ältestes Tauschmittel sich eiserner Stäbe (ʼοβελοί) bedienten. Da jedoch einige sehr alte Eisenmünzen aus andern Theilen des Peloponnes, zum Beispiel eine solche von Argos mit dem Vordertheil des Wolfes und dem Buchstaben A (Sammlung Prokesch-Osten) uns thatsächlich erhalten sind, so entbehrt jene Sage nicht einer gewissen Begründung. Später haben die Spartaner, ebenso wie alle andern griechischen Staaten, edle Metalle besessen und selbst Silbermünzen geprägt.

Von besonderem Interesse sind ferner die macedonischen Königsmünzen, indem sie nicht nur durchgängig von grosser Schönheit sind (I. 9), sondern auch durch die auf denselben befindlichen Aufschriften die Kunstentwickelung durch Jahrhunderte genau verfolgen lassen. Die älteren der gedachten Münzen sind von Silber, bald auch von Kupfer. Philipp II. (360—336 v. Chr.) führte eine ausgedehnte Goldprägung ein, welche sich an die persische Goldwährung anlehnte. Sein Sohn Alexander der Grosse (336—323 v. Chr) setzte die Goldprägung in noch grösserem Massstabe fort und nahm für die Silberprägung den attischen M. nzfuss an, welcher in Folge dessen die weiteste Verbreitung erhielt. Die Münzen Alexanders des Grossen führen auf der Vorderseite einen mit dem Löwenfell bedeckten unbärtigen Herakleskopf, in welchem man die idealisirten Züge des Genannten hat erkennen wollen. Auf der Rückseite ist der thronende Zeus dargestellt, auf der Rechten den Adler haltend und mit der Linken sich auf das Scepter stützend. Daneben findet sich fast übereinstimmend auf allen Münzen die Aufschrift ΑΛΕΞΑΝΔΡΟΥ ΒΑΣΙΛΕΩΣ oder blos ΑΛΕΞΑΝΔΡΟΥ (I. 10). Von den Nachfolgern Alexanders wurden diese Typen zunächst beibehalten, doch setzten sie bald ihre eigenen Bildnisse auf die Münzen, anfänglich mit der Königsbinde, einem einfachen Bande, dessen Schleife am Hinterkopfe herabhängt, später mit Götterattributen, wie Stier- oder Widderhörnern, Flügeln oder einem Strahlenkranze. Daneben tragen die Münzen in griechischer Schrift den Königsnamen, welchem später der Königstitel und endlich nach orientalischer Sitte auch häufig prunkende Beinamen und sonstige Titel hinzutreten. Zu den in Rede stehenden Münzen gehören diejenigen der Könige von Syrien (der Seleuciden), von Thracien, Pontus, Bosporus, Pergamum, Cappadocien, Parthien (der Arsaciden), von Bactrien, Indien und Aegypten (der Ptolemäer, welche statt des allgemein üblichen attischen einen eigenen, abweichenden Münzfuss einführten). Im Uebrigen ist bei den Münzen der Nachfolger Alexanders nicht nur ein allmähliches Sinken der Kunst des Stempelschnitts, sondern auch eine theilweise Verschlechterung des Gehalts zu bemerken.

§ 7.

Die Münzprägung in Grossgriechenland und Sicilien.

In Unteritalien und Sicilien gelangten die griechischen Colonien, begünstigt durch die Fruchtbarkeit des Bodens, das milde Klima und die für den Handel ausserordentlich vortheilhafte Lage im Mittelpunkte des mittelländischen Meeres, schnell zu grosser Blüthe. Unter diesen günstigen Einflüssen nahm auch die Cultur und mit ihr die Münzkunst in den gedachten Colonien bald einen hohen, in manchen derselben einen noch höheren Aufschwung, als in den Stammländern.

In Unteritalien war die Zahl der griechischen Pflanzstädte so gross, dass die schutz- und zinspflichtigen Bewohner selbst des Binnenlandes die griechische Sprache annahmen und das ganze Land den Namen Grossgriechenland erhielt. Als die für die Numismatik wichtigsten der grossgriechischen Städte seien hier namentlich erwähnt: Heraclea, Hyele (Velia), Kroton, Metapont, Neapolis, Posidonia (lateinisch Pästum), Rhegium, Sybaris, Tarent (Taras) und Terina. Die ältesten Münzen von Kroton, Metapont, Posidonia, Sybaris und Tarent sind von einer ganz eigenthümlichen Technik. Dieselben tragen nämlich, ebenso wie die ältesten Münzen des Mutterlandes, nur ein Münzbild, sind aber grösser und dünner, als letztere und zeigen statt des quadratum incusum auf der Rückseite das Bild der Vorderseite in vertiefter Form. Diese Münzen sind indessen nicht, etwa wie die mittelalterlichen Brakteaten, mit Einem Stempel geprägt, sondern es ist für die Rückseite ein besonderer, mit der Vorderseite im Allgemeinen übereinstimmender, aber erhaben geschnittener Stempel benutzt worden, was schon durch den Umstand bewiesen wird, dass die Rückseite von der Darstellung der Hauptseite häufig in Kleinigkeiten abweicht. Dergleichen Münzen sind beispielsweise diejenigen von Meta pont, welche zur Bezeichnung des Kornreichthums eine Aehre und in alterthümlichen Buchstaben meist die Aufschrift META(ποντινῶν), bisweilen auch eine Heuschrecke neben der Aehre führen; ferner diejenigen von Sybaris, auf welchem ein stehender, den Kopf wendender Stier dargestellt ist mit der Aufschrift ΥΜ (σν) in alterthümlicher Schreibart rückläufig (I. 11). Bisweilen enthält aber die Rückseite der in Rede stehenden Münzen auch vertiefte Bilder, welche von denjenigen der Hauptseite ganz abweichen, wie dies zum Beispiel bei einer Münze von Kroton der Fall ist, welche auf der Vorderseite einen Dreifuss, auf der Rückseite, also in vertiefter Prägung, einen Adler trägt.

Die Münzprägung in Grossgriechenland reicht nachweisbar (vergleiche § 4) weiter als bis 580 v. Chr. zurück. Die vorbeschriebene Sitte wurde indessen bald verlassen und die Münzen erhielten auf beiden Seiten erhabene Prägung. Schnell vervollkommneten sich auch der Geschmack und die Stempelschneidekunst, und wir finden auf den Münzen der verschiedenen Städte eine Fülle schönster und wechselnder Typen. Namentlich ist der Schnitt der Köpfe der auf den Münzen dargestellten Gottheiten von unübertrefflicher Schönheit, die Ausführung der sonstigen Darstellungen von oft überraschender Zierlichkeit und Genialität. Besonders bemerkenswerth sind die Münzen des durch seine Reiterei berühmten Tarents, welche auf der einen Seite meist einen Reiter, auf der andern das Bild des auf einem Delphin sitzenden Taras (eines Heros) tragen; ferner die Münzen von Heraclea in Lucanien mit dem wunderbar schön ausgeführten Kopfe der Pallas auf der Vorderseite und dem mit dem Löwen kämpfenden Herakles auf der Rückseite (I. 12); die Münzen von Neapolis mit dem Kopt der Parthenope auf der einen und dem Bilde eines Stieres mit bärtigem Menschenantlitz auf der Rückseite; von Terina mit Darstellungen der Nike u. s. w. Die grossgriechischen Münzen des alterthümlichen Styls sind ausschliesslich in Silber geprägt; später treten Gold und Kupfer als Münzmetalle hinzu. Der Münzfuss war meist der attische; Tarent hatte indessen eine eigene, nach dieser Stadt benannte Währung.

In Sicilien waren die wichtigsten griechischen Pflanzstädte Agrigent, Camarina, Gela, Naxus, Panormus, Selinus, Zancle, welches später den Namen Messana erhielt und vor Allem das durch seinen Reichthum und seine Macht hervorragende Syracus. Das vertiefte Quadrat kommt auf den ersten Münzen dieser Städte, obgleich sie alle Kennzeichen hohen Alters tragen, nur selten vor und ist dann flach und meist schon mit Typen versehen. Letztere wurden allmählich immer schöner und mannigfaltiger und die Stempelschneidekunst entwickelte sich hier ebenso wie in Grossgriechenland zu einer solchen Blüthe, dass ihre Producte noch jetzt unübertroffen dastehen und unsern Künstlern als Vorbilder dienen können. Jedenfalls bleiben unsere heutigen schablonenmässig gearbeiteten Münzen, mögen sie auch mit grösserer Technik geprägt und für den Gebrauch geeigneter sein, was die Schönheit der Darstellungen und des Stempelschnitts anlangt, hinter den Erzeugnissen der altgriechisch-sicilischen Münzkunst weit zurück. Von ihnen sagte Goethe, als er auf seiner italienischen Reise in Palermo Gelegenheit hatte, eine reiche und schöne Sammlung griechischer Münzen zu besichtigen*): „Aus diesen (die Münzen enthaltenden) Schubkästen lacht uns ein unendlicher Frühling von Blüthen und Früchten der Kunst, eines im höheren Sinne geführten Lebensgewerbes und was nicht Alles noch mehr hervor. Der Glanz der sicilischen Städte, jetzt verdunkelt, glänzt aus diesen geformten Metallen wieder frisch entgegen."

Unter den sicilischen Münzen des vollkommenen Styls nehmen anerkannter Massen diejenigen von Syracus, welches zahlreiche Tetradrachmen und auch Dekadrachmen, die grössten Geldstücke des Alterthums, prägte, die erste Stelle ein. Dieselben tragen zum Theil auf der Vorderseite den von Delphinen umgebenen Kopf der Persephone oder der Quellnymphe Arethusa, letzteren — eine bei den antiken Münzeu verhältnissmässig selten vorkommende Erscheinung — auch von vorn dargestellt mit der Aufschrift ΣΥΡΑΚΟΣΙΩΝ, und auf der Rückseite ein Viergespann mit darüber schwebender Nike, welche den Wagenlenker bekränzt, sowie verschiedene Beizeichen (I. 13). Von diesen wunderbar schön geschnittenen Köpfen sagt Winkelmann, der bekannte Kunsthistoriker: „Hätte nicht Raphael, der sich beklagte, zur Galatea keine würdige Schönheit in der Natur zu finden, die Bildung derselben von den syracusanischen Münzen nehmen können?"

Als eine besondere Abtheilung der sicilischen Münzen können diejenigen der syracusanischen Könige betrachtet werden, von welchem Agathocles (317—289 v. Chr.) zuerst seinen Namen auf die Münzen setzte. Auch die Münzen der Mamertiner, einer Söldnerschaar,

---

*) Vergleiche Friedländer und von Sallet: Das Königliche Münzkabinet, Berlin 1877, Seite 153.

welche sich im Jahre 289 v. Chr. Messanas bemächtigte, mögen hier nicht unerwähnt bleiben.

Die ältesten sicilischen Münzen waren ausschliesslich von Silber; später traten denselben solche von Gold und Kupfer hinzu, und zwar widmeten letzteren die Stempelschneider die gleiche Sorgfalt wie den Silbermünzen. Was die in Sicilien üblichen Währungen anlangt, so überwog der attische Fuss; unter den syracusanischen Königen wurde auch nach ptolemäischem Fusse gemünzt.

§ 8.

Die Münzen der Perser.

Die gewöhnlichen Münzen der Perser, welche von den Königen derselben geprägt wurden, nennt man Dareiken. Dieselben sind von Gold, dann auch von Silber und kommen in Ganz-, Doppel- und Theilstücken vor. Sie tragen nur auf einer Seite eine bildliche Darstellung, nämlich einen gekrönten knieenden Bogenschützen (I. 3), weshalb sie von den Griechen auch „Bogenschützen (τοξόται)“ genannt wurden. Agesilaos, König von Sparta, welcher 396 v. Chr. die Perser in Asien bekriegte, sagte daher, der Perserkönig habe ihn mit 80000 Bogenschützen aus Asien vertrieben, denn mit soviel Dareiken waren die Böotier und Athener von ihm bestochen worden, Krieg gegen Sparta zu beschliessen, welches letztere sich dadurch genöthigt sah, Agesilaos zur Rettung des Vaterlandes zurückzuberufen. Ueber den Ursprung der Benennung Dareike (Δαρεικός) sind die Ansichten verschieden. Unrichtig dürfte wohl die Annahme sein, dass diese Münze zuerst von Darius, des Hystaspes Sohn, geprägt worden sei, denn es ist zweifellos, dass sie schon lange vor der Regierung des Genannten bestanden hat. Dagegen darf mit grösserer

Wahrscheinlichkeit angenommen werden, dass die gedachte Münze unter Darius den Griechen zuerst bekannt geworden ist und deshalb von diesem den Namen erhalten hat. Die späteren, wohl meist von den Satrapen ausgegangenen Münzen der Perser haben zweiseitige Prägung und wechselnde Typen, doch bleibt auf der einen Seite meist die oben gedachte Darstellung.

Mit der Zerstörung des altpersischen Reiches durch Alexander den Grossen hörte auch die nationale Münzprägung der Perser auf, indem Alexander und seine Nachfolger überall griechische Münze mit griechischer Aufschrift einführten. Erst mit der Gründung des neupersischen Reiches im Jahre 226 n. Chr. durch die Dynastie der Sassaniden, welche die alte Religion und die heimische Sprache wiederherstellten, beginnt eine neue persische Münzprägung, welche aber mit der älteren durchaus keine Gemeinschaft hat. Dieselbe reicht bis 642 n. Chr., in welchem Jahre das neupersische Reich von den Arabern unterworfen wurde und der letzte König aus dem Geschlechte der Sassaniden durch Mörderhand den Tod fand.

§ 9.

Die Münzen der Phönicier und Carthager.

Bekanntlich waren die Phönicier nicht nur das erste handeltreibende, sondern auch das erfinderischste Volk des Alterthums. Die in manchen Geschichtsbüchern ausgesprochene Ansicht, dass die Phönicier, wie so vieles Andere auch die Münzen erfunden hätten, scheint daher auf den ersten Blick Beachtung zu verdienen, wird aber weder durch irgend welche geschichtliche Ueberlieferungen, noch durch auf uns gekommene Münzen dieses Volkes bestätigt, welche älter wären als die ältesten griechischen, persischen und kleinasiatischen Münzen. Immerhin darf angenommen werden, dass die Phönicier, wenn sie auch nicht selbst die Erfinder der Münzkunst gewesen sind, sich in Folge ihrer weit verzweigten Handelsbeziehungen doch früh der Münzen, namentlich der griechischen, bedient haben.

Die ältesten uns bekannten Münzen mit phönicischer Aufschrift rühren aus der Zeit her, in welcher dieses Volk unter persischer Oberhoheit stand. Dann besitzen wir Münzen verschiedener phönicischer Städte, namentlich von Sidon, Tripolis, Tyrus, aus der Zeit, in welcher dieselben sich unter der Herrschaft der Seleuciden befanden oder Autonomrechte von letzteren erhalten hatten. Diese Münzen tragen griechische Aufschrift und auf der einen Seite meist das Bildniss der betreffenden Schutzgottheit, auf der andern verschiedene auf die Geschichte der Stadt, den Cultus u. s. w. bezügliche Darstellungen.

Die wichtigste Colonie der Phönicier war das um das Jahr 850 v. Chr. von tyrischen Auswanderern gegründete Carthago. Münzen, welche dieser Stadt mit unbedingter Sicherheit zugetheilt werden könnten, besitzen wir nicht; jedenfalls sind von den Carthagern in ihrer Heimath nur äusserst wenige Münzen und zwar in verhältnissmässig später Zeit geprägt worden. Dagegen hat unter der Herrschaft der Carthager in Sicilien eine umfangreiche Geldprägung stattgefunden. Die betreffenden Münzen tragen auf der einen Seite meist die schönen einheimischen Typen, so namentlich den schön geschnittenen Kopf der Demeter oder Persephone, auf der andern Seite einen fruchttragenden Palmbaum (φοίνιξ, das redende Wappen der Phönicier) und ein stehendes Pferd oder einen Pferdekopf. Die Aufschriften bestehen aus punischen Schriftzeichen.

§ 10.

Die jüdischen Münzen.

Wie bereits im § 4 erwähnt, bedienten sich die Juden erst verhältnissmässig spät der Münzen. Es ist zwar nicht unmöglich, dass Münzen aus Griechenland und Kleinasien bald nach ihrem Entstehen auch bis nach Palästina gelangt sind, doch haben dieselben dort jedenfalls noch nicht die Bedeutung eigentlichen Geldes gehabt, sondern sie sind nur als Metall betrachtet beziehentlich als ein eben solches Tauschmittel wie Gold- und Silberbarren behandelt worden. Erst während der babylonischen Gefangenschaft, aus der sie nach der Zerstörung des babylonischen Reiches durch Cyrus erlöst wurden (538 v. Chr.), hatten sich die Juden an den Gebrauch des Geldes gewöhnt und wir finden daher erst seit dieser Zeit wirkliche Münzbenennungen in der heiligen Schrift. Da jedoch die Juden nach der Rückkehr in ihr Vaterland unter persischer Oberhoheit verblieben, so hatten sie auch damals noch keine eigenen Münzen. Sie bedienten sich vielmehr, wie sich aus den biblischen Berichten ergiebt, der persischen Reichsmünze, des Dareikos und des medischen Siglos (vergleiche § 11), welcher später als Shekel (Sekel) ihre Hauptmünze wurde. Nach der Eroberung des persischen Reiches durch Alexander den Grossen kam griechische Münze in das Land und blieb auch unter den Nachfolgern Alexanders, den Seleuciden und Ptolemäern, deren Botmässigkeit die Juden abwechselnd unterworfen waren, lange Zeit im Gebrauch. Erst im Jahre 138 v. Chr., nachdem sie durch das Heldengeschlecht der Maccabäer ihre Unabhängigkeit wiedergewonnen hatten, gelangten die Juden in den Besitz des Münzrechts, welches sie bis zu ihrer vollständigen Unterwerfung unter die Römer ausübten. Sie prägten Silbermünzen (die vorerwähnten

Sekel) im Gewicht von 13,5—14,65 Gramm mit samaritanischer, zuletzt auch griechischer Aufschrift, sowie Kupfermünzen. Die Haupttypen dieser Münzen waren der Kelch, Blumen, Pflanzen und auf den Cultus bezügliche Darstellungen, da das Gesetz die Darstellung von Bildern der Menschen und Thiere verbot.

Wir besitzen von Simon Maccabäus ganze und halbe Sekel vom Jahre 1 bis zum Jahre 5. Die Ersteren tragen auf der Hauptseite einen Kelch und in eigenthümlichen, den phönicischen und samaritanischen Buchstaben ähnlichen Charakteren die Umschrift „Sekel Israels" und über den Kelch das Jahr der Regierung Simons. Auf der Rückseite befindet sich ein Lilienzweig mit drei Blüthen, sowie die Umschrift „Jerusalem die heilige" (I. 14).

Nachdem im Jahre 63 v. Chr. Palästina den Römern tributpflichtig geworden war, scheinen Silbermünzen nicht mehr geprägt worden zu sein, da die Römer das Ausmünzen der edlen Metalle in allen ihnen unterworfenen Ländern grundsätzlich untersagten. Auch sind uns von Herodes dem Grossen (40 v. Chr. bis 4 oder 5 n. Chr.) und seinen Nachfolgern thatsächlich blos Kupfermünzen bekannt. Dagegen finden wir, wie uns das neue Testament lehrt, zur Zeit Christi den römischen Denar in Palästina allgemein im Umlauf. Es sei hier nur auf die Geschichte vom Zinsgroschen (Evangelium Matthäi, Capitel 22, Vers 15—22) verwiesen. Die betreffende Stelle lautet nach der Vulgata: *Quid me tentatis hypocritae? Ostendite mihi numisma census! At illi obtulerunt ei denarium. Et ait illis Jesus: cujus est imago haec et superscriptio?* (Wess' ist das Bild und die Ueberschrift?) *Dicunt ei caesaris etc.* Es kann hier also nur der römische Kaiserdenar, in welcher Münzsorte jedenfalls die Steuern entrichtet werden mussten, gemeint gewesen sein, und wenn in der Luther'schen Bibelübersetzung „Denar" mit „Groschen" wiedergegeben wird, so ist dies, wie in zahlreichen ähnlichen Fällen, als eine freie, auf den herrschenden Sprachgebrauch berechnete Uebersetzung zu betrachten. Nur zu Zeiten, in welchen die Juden sich im Aufstande gegen die Römer befanden, kommen jüdische Silbermünzen vorübergehend wieder vor. So sind solche vielleicht während des ersten Aufstandes, welcher 66 n. Chr. begann und im Jahre 70 mit der Zerstörung Jerusalems endigte, namentlich aber während des zweiten Aufstandes von 132—135 geprägt worden. Demnächst wurde in Jerusalem, nachdem es von Hadrian unter dem Namen Aelia Capitolina wieder aufgebaut worden war, eine römische Münzstätte eingerichtet, in welcher man bis in das dritte Jahrhundert Bronzemünzen prägte. Auch die Araber haben später dort Münzen schlagen lassen.

§ 11

Die Münzwährungen der Perser und Griechen.

Die älteste Münzbenennung, welche wir kennen, ist der Stater (στατήρ), und zwar wurden mit diesem Namen sowohl Gold- als auch Silbermünzen der kleinasiatischen Griechen und der Perser bezeichnet. Die gangbarste Goldmünze der Letzteren war die Hälfte des Stater, die bereits im § 8 erwähnte Dareike, στατήρ Δαρεικός oder blos Δαρεικός genannt, im Gewichte von 8,385 Gramm. Dem Golddareikos entsprach als Silbermünze der medische Siglos (σίκλος, *shekel*), welcher auch Silberdareikos genannt wird und aus dem sich der spätere jüdische Sekel entwickelte. Der medische Siglos war die Hälfte des Silberstater und wog 5,56 Gramm. Von den vorgenannten Gold- und Silbermünzen, welche durchgehend von feinem Gehalt waren, wurden auch Theilstücke geprägt. Rechnungsmünzen und zugleich Gold- und Silbergewichte der Perser waren das Goldtalent und für Silber das babylonische Talent. Der Golddareikos hatte nach Hultsch einen Werth von ungefähr 22,68 Mark, und es ist daher, da 3000 Dareiken auf das Goldtalent gingen, der Werth des letzteren nach heutigem Gelde mit ungefähr 68 100,00 Mark anzusetzen, wobei allerdings auf die seit den Angaben von Hultsch im Courswerthe des Goldes eingetretenen Aenderungen keine Rücksicht genommen ist. Der Werth des persischen Silberstaters wird von Hultsch auf 2,00 Mark, des medischen Siglos auf 0,96 Mark und des babylonischen Silbertalents auf 5820,00 Mark berechnet. Der Münzfuss, nach welchem die ältesten kleinasiatischen Münzen geprägt wurden, hängt mit der persischen Gold- und Silberwährung eng zusammen. Demnächst folgte seit Alexander dem Grossen der attische Münzfuss und schliesslich die nur Kleinasien eigenthümliche Währung der Cistophoren, welche Münzgattung nach der Unterwerfung Kleinasiens unter die Herrschaft der Römer (133 v. Chr.) von letzteren in der neuen Provinz eingeführt wurde und von der bacchischen *cista mystica* mit der sich aus derselben hervorwindenden Schlange, welche das regelmässige Gepräge der Vorderseite bildet, den Namen erhielt. Das Gewicht des Cistophorus, welcher einen Courswerth von 3, später 2½ römischen Denaren hatte und wahrscheinlich bis in das dritte Jahrhundert n. Chr. fortgeprägt wurde, betrug 12,4 bis 12,6 Gramm.

In Griechenland gab es verschiedene Münzfüsse und Währungen, welche theils einander folgten, theils neben einander in Gültigkeit waren. Dieselben haben sich aber in verschiedenen Abstufungen sämmtlich aus dem asiatischen Gold- und Silberfuss entwickelt. Der älteste griechische Münzfuss war der äginäische, und da die griechische Münzprägung ursprünglich vom

Silber ausging, so diente ihr zunächst das kleinasiatische Silbergeld als Vorbild. Nach den vorgenommenen Untersuchungen entspricht auch das grosse Silberstück des äginäischen Fusses, der Stater oder das Didrachmon, dessen Normalgewicht auf 12,40 Gramm angenommen werden kann, mit Berücksichtigung einer geringen, gegen das frühere Gewicht eingetretenen Erhöhung, dem asiatischen Stater, und die Drachme, welche die eigentliche Münzeinheit der Griechen wurde, dem Siglos. Das Theilungssystem war duodecimal, denn das Ganzstück, der Stater, zerfiel in Hälften oder Drachmen, Viertel oder Triobolen (τριώβολα), Zwölftel oder Obolen (ὀβολοί) und Vierundzwanzigstel oder Hemiobolien. Auch prägte man noch andere Theilmünzen, als: Dritteldrachmen oder Diobolen, Vierteldrachmen oder Trihemiobolen u. s. w. Als Mehrfaches der Drachme waren ausser dem Didrachmon das Tetradrachmon (vierfache) und später, jedoch nur selten, auch das Dekadrachmon (zehnfache) im Gebrauch. Ausserdem kommt unter den älteren macedonischen Münzen noch das Octodrachmon vor.

Was die Ableitung der bis jetzt erwähnten Münzbenennungen anlangt, so ist das Wort τάλαντον (Talent) griechischen Ursprungs und bedeutet zunächst die Wage, dann auch das auf die Wage Gehobene, die Last. Mine (Μνᾶ), ursprünglich der sechzigste Theil des Talents, eine Benennung, auf die wir später zurückkommen werden, rührt aus dem Semitischen her und soll zunächst die Zahl, die Summe bedeutet haben und erst später auf das Gewicht übertragen sein. Stater (στατήρ) und Drachme (δραχμή) sind griechisch. Ersteres heisst ursprünglich die Wage, Letzteres die Handvoll, das ist so viel, als man in die Hand nimmt, um es auf die Wagschale zu legen oder, da die Wage zwei Schalen hat, die Hälfte des auf die Wage Gelegten. Da nun die Drachme ursprünglich nicht als Ganzes, sondern als Hälfte des Stater erscheint, so erklärt sich die Anwendung jener Begriffe als Münzbenennungen, weil eben zwei Handvoll, also zwei Drachmen, aufgelegt werden mussten, um die Wage in's Gleichgewicht zu bringen, das ist so viel als ein Stater zu wiegen. Die Bezeichnung Obol (ὀβολός, griechisch) wird nach einer eigenthümlichen Form des ältesten Barrengeldes auf ὀβελός, Spiess, zurückgeführt, doch ist diese Ableitung unsicher.

Was die ursprüngliche Münzwährung Athens anlangt, so haben die angestellten Untersuchungen ergeben, dass dieser Staat, wie fast das ganze übrige Griechenland, sich zuerst des äginäischen Münzfusses bedient hat. Solon, der grose Gesetzgeber Athens (594 v. Chr.) regelte, wie so viele andere öffentliche Einrichtungen, auch das Münzwesen dieses Staates und führte den neueren attischen Münzfuss ein. Derselbe beruhte auf der Silberwährung und stand zum äginäischen Fusse im Verhältniss von 7 : 5, war also niedriger als der letztere. Die Hauptmünze des Staates wurde das Tetradrachmon, als Rechnungsmünze wurde neben dem Talent die allerdings auch schon früher bekannte Mine, der sechszigste Theil des Talents, gebräuchlich. Die athenischen Silbermünzen waren, wie alle Münzen damaliger Zeit, durchgängig von feinem Gehalt und bildeten das eigentliche Courant des Staates. Daneben wurden allerdings auch Gold und Kupfer, ersteres jedoch nur in sehr geringem Umfange, letzteres erst seit etwa 400 v. Chr. geprägt. Die grosse Goldmünze war der Stater; ausserdem gab es halbe, viertel, sechstel und zwölftel Stater. Auch rechnete man nach Minen und häufiger noch nach Talenten Goldes. Die kupferne Scheidemünze war der Chalkus (χαλκοῦς). Wenn die Athener sich vorzugsweise des Silbergeldes bedienten, so ist der Grund darin zu suchen, dass ihnen die Bergwerke von Laurion reiche Ausbeute gaben und eine unerschöpfliche Quelle des Silbers waren.

Neben der neueren attischen Münzwährung ist noch die corinthische Währung zu erwähnen, welche sich von ersterer durch ein anderes Theilungssystem unterschied. Die verbreitetste und daher von den alten Schriftstellern am häufigsten erwähnte Münzwährung blieb aber jedenfalls die neuere attische. Sie erwarb sich allmählich die Herrschaft in den meisten Staaten des Hellas und des Peloponnes, sowie in den sicilischen Städten und wurde später auch von Alexander dem Grossen in dem weiten macedonischen Reiche eingeführt, demnächst aber von den meisten der aus demselben hervorgegangenen Staaten beibehalten. Selbstverständlich erfuhr sie dabei im Laufe der Zeit manche Aenderungen, doch mögen zur Vergleichung des Werthverhältnisses der ursprünglichen attischen Münzen und Rechnungseinheiten zu unserm heutigen Gelde nachfolgende Zahlen dienen. Das attische (Silber-) Talent wog, wie nach den auf den Zeugnissen der alten Schriftsteller beruhenden Untersuchungen als sicher angenommen werden darf, rund 26,20 Kilogramm und enthielt 60 Minen zu 100 Drachmen. Das Normalgewicht der Drachme betrug also durchschnitttlich 4,367 Gramm. Hiernach ist ungefähr das Talent = 4716 Mark (nicht 4500 Mark, wie früher angenommen wurde), die Mine = 78,6 Mark, das Tetradrachmon = 3,14 Mark, die Drachme = 78 Pfennige und der Obolos = 13 Pfennige zu rechnen.*) Der Werth und der Feingehalt des

*) Obiger Reduction ist nicht das Werthverhältniss zum Grunde gelegt, in welchem heutigen Tages das Silber zum Golde steht, sondern lediglich das Verhältniss, in welches unser Silbergeld durch das Reichsmünzgesetz zum Golde gesetzt ist, also von $15^1/_2$: 1. Die Berechnung ist hiernach nur eine relative, für den vorliegenden Zweck aber am geeignetsten, indem sie nicht den Metallwerth der griechischen Münze nach dem heutigen Course des Silbers feststellen, sondern uns ein annäherndes Bild von dem Werthe der griechischen Münze im Vergleich zu dem Geltungswerthe unseres heutigen Geldes geben soll. Vergleiche übrigens § 16, Werthbestimmung der römischen Münzen.

Talents blieben im Allgemeinen unverändert. Da indessen das Courant in späterer Zeit geringhaltiger ausgeprägt wurde, so wurden dann auch mehr Drachmen, als oben angegeben, auf die Mine beziehentlich das Talent gerechnet.

Das attische Münzsystem wurde zwar in einzelnen Theilen seines bisherigen Geltungsbereichs auch nach Unterwerfung derselben unter die Herrschaft der Römer anfänglich beibehalten, allmählich aber durch den Denar verdrängt, welcher der Drachme gleichgestellt wurde.

§ 12.

Beginn der Münzprägung in Italien.

Während, wie wir oben gesehen haben, die asiatische Geldprägung vom Golde und die griechische vom Silber ausgegangen ist, bedienten sich die rohen und armen Urvölker Mittelitaliens, auch die Römer, anfänglich nur des Kupfers zur Herstellung ihrer Münzen und gingen erst später zur Silber- und Goldprägung über. Das älteste Tauschmittel der gedachten Völker war ebenso wie bei den Griechen im Zeitalter Homers, das Heerdenvieh, vorzugsweise das Rind und das Schaf, und zwar wurde, wie aus den späteren Umsetzungen der uralten, formell bis in die spätere Zeit beibehaltenen Viehbussen hervorgeht, ein Rind gleich zehn Schafen gerechnet. Als indessen das Bedürfniss des Verkehrs und das Beispiel anderer in der Cultur mehr vorgeschrittener Völker dahin führten, neben dem Vieh noch andere Werthmesser anzuwenden, wählte man dazu das gebräuchlichste Nutzmetall, aus welchem in Italien die ältesten Waffen und Ackergeräthe hergestellt wurden, nämlich das Kupfer.

Das Kupfer circulirte anfänglich in formlosen Stücken, welche man einander zuwog *(aes rude)*, und erst später ging man dazu über, dasselbe in viereckige Formen, Barren zu giessen, welche bis zu fünf römischen Pfund wogen. In Rom war nach den Ueberlieferungen römischer Schriftsteller Servius Tullius (578—535 v. Chr.) der erste König, welcher ein gesetzliches Zahlungsmittel herstellte *(primus signavit aes)*, indem er die Barren mit Marken versehen oder richtiger gesagt, in Formen giessen liess, welche auf beiden Seiten gewisse Zeichen oder Bilder trugen. Am häufigsten begegnen wir auf diesen Barren dem Bilde eines Rindes oder Schweines oder eines andern Stückes Vieh *(pecus)*, woher dann auch das lateinische Wort für Geld *(pecunia)* abgeleitet wurde, wenn nicht der Ursprung dieses Wortes in dem Umstande zu suchen ist, dass der vornehmste Besitz und das älteste Tauschmittel der Römer überhaupt das Heerdenvieh war. Diese unter Servius Tullius zuerst gemarkten beziehentlich mit Bildern versehenen Kupferbarren *(aes signatum)* waren indessen noch nicht auf ein bestimmtes Gewicht gegossen, sondern setzten den Gebrauch der Wage voraus und die Marke war daher jedenfalls nur zum Zeichen angebracht, dass die auf diese Weise kenntlich gemachten Stücke allgemeines gesetzliches Tauschmittel sein sollten. Erst zur Zeit der Decemvirn (um 500 v. Chr.) ist man, wie gewöhnlich angenommen wird, darauf gekommen, das Kupfer mit Werthzeichen und dem Wappen der Stadt zu versehen, es somit unabhängig von der Wage zu machen und ihm dadurch die Geltung der Münze zu verleihen.*) Die

*) Samwer und M. Bahrfeldt legen in ihrer 1883 erschienenen Geschichte des älteren römischen Münzwesens den Beginn der eigentlichen Münzung noch später, und zwar auf die Zeit zwischen 400 und 350 v. Chr. zurück. Diese Ansicht wird in der Hauptsache damit begründet, dass die römische Kunst als von der griechischen abhängig zu betrachten sei. Da nun die Missbildungen in der Zeichnung des

Münzeinheit wurde der As im Normalgewichte eines römischen Pfundes zu 12 Unzen = 327,43 Gramm, doch wurde derselbe, wie die Funde lehren, durchschnittlich nur auf etwa 10 statt 12 Unzen, also um $^1/_6$ niedriger ausgebracht. Auch war das Kupfer mit etwas Blei und Zinn versetzt. Theile des As waren der Semis ($^1/_2$ As = 6 Unzen), der Triens ($^1/_3$ As = 4 Unzen), der Quadrans ($^1/_4$ As = 3 Unzen), der Sextans ($^1/_6$ As = 2 Unzen) und die Unze ($^1/_{12}$ As), welche letztgegedachte Benennung also gleichzeitig zur Bezeichnung eines Gewichtes und des zwölften Theils der Münzeinheit diente. Die vorbezeichneten Münzen, neben welchen die viereckig gegossenen Stücke noch längere Zeit im Umlauf geblieben sind, waren von runder Form und hatten ein hohes Relief. Ihr Styl markig und nicht ohne Kunst. Sie wurden, weil ihre Grösse die Prägung schwierig machte, gegossen und trugen sämmtlich auf einer Seite das Bild der Galeere, welches nach Mommsen wahrscheinlich das althergebrachte, aus der seemächtigen, um die Zeit des Decemvirats sich eben neu befestigenden Stellung Roms hervorgegangene Stadtwappen war. Auf der andern Seite waren verschiedene Götterköpfe dargestellt, und zwar: Janus auf dem As (II. 15) — *penes Janum prima* —, Jupiter auf dem Semis — *penes Jovem summa,* Minerva als Erfinderin der

menschlichen Gesichts erst um 460 v. Chr., die Härten um 430 v. Chr. von den griechischen Münzen verschwinden, die Zeichnung des Menschengesichtes auf den ältesten römischen Münzen, sowie die Technik des Stempelschnitts aber bereits auf die Zeit der vollendeten Kunst hinweisen, so könnten letztere erst nach 400 v. Chr. entstanden sein. Ferner sei die Form der Prora auf der Rückseite der ältesten römischen Münzen eine solche, wie sie bei den Kriegsschiffen der Griechen erst nach dem peloponnesischen Kriege (431—404 v. Chr.) vorkommen. Da aber der römische Schiffsbau von dem der Griechen und Phönicier abhängig gewesen sei, so müsse dies ebenfalls als ein Beweis für die spätere Entstehung der römischen Münzen angesehen werden.

Zahlen auf dem Triens, Herkules als Wahrer und Mehrer des Vermögens auf dem Quadrans (II. 16), Mercur als Beschützer des Handels auf dem Sextans und ein behelmter weiblicher Kopf, welchen einige wieder als den der Minerva betrachten, während andere ihn als den Kopf der Roma deuten, auf der Unze*). Ausser den eben beschriebenen Bildern finden sich auf dem As und seinen Theilstücken noch die Werthbezeichnungen: **I** für As, **S** für Semis und bei den kleineren Astheilen, je nach der Zahl der Unzen, welche sie enthalten, eine entsprechende Anzahl von Kügelchen oder Punkten.

Man nennt dieses älteste römische Geld das römische Schwergeld *(aes grave)* und den Fuss, nach welchem es gegossen ist, den Libralfuss, weil demselben das römische Pfund *(libra)* zum Grunde lag.

Zu derselben Zeit wie in Rom wurde auch in andern Theilen Italiens, sowie in Sicilien und auf Lipara ähnliches Schwergeld gemünzt, doch ist der Styl desselben nach den Völkerschaften verschieden. So trägt das Schwergeld der Etrusker, welche in allen Metallarbeiten bewandert waren, flachere Darstellungen von zierlichem Charakter und in Campanien, woselbst sich frühzeitig griechischer Einfluss geltend gemacht haben mag, schönere und weichere Modellirung, als auf den Münzen der Römer. Auch ist, während bei Letzteren die Typen unverändert blieben, bei den übrigen italischen Völkern, namentlich den Campanern ein häufiger Wechsel derselben bemerkbar. So finden wir auf dem Schwergelde der italischen Völkerschaften die Köpfe verschiedener Gottheiten, Thiere und mannigfache andere Gegenstände dargestellt. Bestimmten Städten können zugetheilt werden und zum Theil auch mit Aufschriften oder den Anfangsbuchstaben des Ortsnamens versehen

*) Mommsen, Geschichte des römischen Münzwesens. Berlin 1860. Seite 184.

sind die Münzen von Volaterrae in Etrurien, Iguvium und Tuder in Umbrien, Ariminium, Hatria, Luceria.

§ 13.

Das Münzwesen der römischen Republik.

Das im vorigen Paragraphen beschriebene Schwergeld blieb bei den Römern von der Zeit der Decemvirn bis gegen Anfang des ersten punischen Krieges (264—241 v. Chr.), also ungefähr 200 Jahre als ausschliessliches Zahlungsmittel im Gebrauch. Zu der letztangegebenen Zeit wurde die Münze, wahrscheinlich durch Volksbeschluss, auf den Trientalfuss herabgesetzt, doch ist der Grund dieser Reduction weniger, wie mitunter angenommen wird, auf die durch den Krieg verursachten Bedrängnisse des Staates, als auf den Umstand zurückzuführen, dass durch die gleichzeitige Einführung der Silberprägung eine praktische Ausgleichung des Werthverhältnisses zwischen Silber und Kupfer bedingt wurde. Die gedachte Reduction bestand darin, dass man den As auf den dritten Theil seines Normalgewichts, also auf 4 Unzen herabsetzte. Die Münzen wurden indessen stetig immer geringer ausgebracht und es traten daher noch weitere Reductionen ein, nämlich die auf den sextantaren Fuss, nach welchem der As 2 Unzen oder $^1/_6$ seines ursprünnlichen Normalgewichts enthielt, den Uncialfuss ($^1/_{12}$ desselben), angeordnet durch das flaminische Gesetz (217 v. Chr.) und den Semiuncialfuss ($^1/_{24}$), welcher um die Zeit des Bundesgenossenkrieges eingeführt wurde und zur Folge hatte, dass das Kupfer, nachdem der Staat inzwischen die reine Silberwährung angenommen hatte, zur Scheidemünze herabsank.

Mit den fortschreitenden Reductionen des Münzfusses ging man dazu über, anfänglich die kleinen, später auch die grösseren Nominale nicht mehr zu giessen, sondern zu prägen (II. 17. 18. 19). Werthbezeichnung und Typus blieben indessen lange Zeit dieselben, nur treten der Darstellung auf der Rückseite (der Galeere) die Aufschrift ROMA und dann gewisse Münzmeisterzeichen hinzu. Erst in späterer Zeit erscheinen auf den Kupfermünzen von den ursprünglichen abweichende und wechselnde Typen. Auch wurden vorübergehend höhere Nominale zum zwei-, drei-, vier- und zehnfachen Werthe des As, nämlich der Dupondius, Tripondius, Quadrussis und Decussis, bezeichnet durch II, III, IIII und X, gegossen.

Solange die Politik des römischen Staates auf das eigentliche Italien allein beschränkt war, blieb derselbe bei der Kupferwährung stehen. Als indessen durch die nahe Berührung mit den reichen Städten Grossgriechenlands und besonders durch den Krieg mit dem Könige Pyrrhus die griechische Silberwährung den Römern näher gerückt wurde, säumten sie nicht, ihr altes Schwerkupfer aufzugeben und ein neues Münzsystem, welches der im Entstehen begriffenen Grossmacht besser entsprach, anzunehmen. Nach Plinius begannen sie im Jahre 485 der Stadt oder 269 v. Chr., nach Livius in dem darauf folgenden Jahre die ersten Silbermünzen zu prägen. Es waren dies der *denarius*, abgeleitet von *deni*, zehnmal, im Werthe von 10 As und als Theilstücke desselben der *quinarius* (die Hälfte) und der *sestertius* (das Viertel). Nach der Zahl der Asse, welche diese Nominale enthielten, bezeichnete man den Denar mit X, den Quinar mit V und den Sesterz mit IIS (= zwei und ein halbes As). Das ursprüngliche Normalgewicht des Denars betrug $^1/_{72}$ Pfund = 4,55 Gramm. Im Jahre 537 der Stadt (217 v. Chr.), also gleichzeitig mit der Einführung des Uncialfusses für das Kupfer wurde indessen das Gewicht des Denars auf $^1/_{84}$ Pfund reducirt und der As zu $^1/_{16}$ des Denars, der Sesterz also zu 4 As gesetzt. Sämmtliche Denare der Republik sind von fast ganz feinem Silber; nur die Legionsdenare des M. Antonius, das sind Denare, welche der Genannte den Truppen seiner See- und Landmacht zu Ehren prägte und mit Darstellungen der Feldzeichen und mit bezüglichen Aufschriften versah (II. 27), machen eine Ausnahme hiervon, indem sie von geringerem Silber sind. Als Gepräge trugen die ältesten Silbernominale übereinstimmend auf der Vorderseite einen weiblichen Kopf mit einem Helm, dessen Kamm ausgezackt ist und in einen Vogelkopf endet und an dessen Schläfen Flügel angebracht sind, auf der Rückseite das Bild der beiden Dioskuren zu Pferde mit eingelegten Lanzen und wehenden Mänteln, auf dem Haupt den runden Schifferhut, neben einander sprengend, über dem Haupte eines jeden ihr bekanntes Emblem, der Stern des Morgens und des Abends. Der weibliche Kopf bezeichnet wahrscheinlich nicht, wie früher gedeutet wurde, die Minerva, sondern die Göttin Roma; die Dioskuren sind dargestellt als reisige Götter, wie sie in der Schlacht am See Regillus den Römern Beistand und Sieg brachten. Unter den Dioskuren befindet sich (bisweilen auch in vertiefter Schrift) der Stadtname ROMA (II. 20). Später erscheinen auf den Denaren verschiedene kleine Beizeichen, in welchen man die Wappen der Münzmeister erkennen will und in einigen Fällen sicher erkannt hat, zum Beispiel der Halbmond mit aufgerichteten Spitzen (Wappen der Saufejer) und der Halbmond nach rechts gewandt in Gestalt eines C, der achtstrahlige Stern (Calpurnier), und der fünfstrahlige Stern, das Pentagramm, der Priesterhelm, der Dreizack, der Schiffsschnabel, das Steuerruder, der Anker, der Mercurstab, die Aehre, das Füllhorn (Cupiennier), die Keule, die Feder, der stossende Stier, der Greif, die Eule, der Delphin, ein weiblicher Kopf (Horatier) und das sechsspeichige Rad.

Ausser dem Denar mit seinem Halb- und Viertelstück wurde von den Römern vorübergehend noch eine andere Silbermünze, der *victoriatus*, geprägt, so genannt, weil auf der Rückseite desselben eine das Tropäum bekränzende Siegesgöttin dargestellt ist (II 21). Der Victoriat hatte einen Werth von $^3/_4$ Denaren und scheint, nach den Funden zu urtheilen, und da er sich der Währung der griechischen und illyrischen Städte anschloss, vornehmlich eine Handelsmünze gewesen zu sein. Er kommt in Ganz- und Halbstücken vor, von denen jedoch nur das letztere ein Werthzeichen trägt, nämlich ein **S** als Zeichen der Hälfte. Um das Jahr 600 der Stadt hörte die Victoriatenprägung auf.

Der Denar blieb von Anfang an die herrschende Münze in der Silberprägung, während die kleineren Nominale, der Quinar und der Sesterz, von vornherein überhaupt nur wenig und in der letzten Zeit der Republik gar nicht mehr geprägt wurden. Auch die Kupferprägung wurde mit der Ausbreitung des Silbers immer geringer und stockte eine Zeit lang (von Sulla bis Augustus) sogar ganz.

Neben dem vorbeschriebenen Dioskurengepräge kam auf der Rückseite der Denare schon zeitig ein anderes Gepräge auf, nämlich die geflügelte Victoria auf dem Zweigespann, wovon die Denare auch den Namen *bigati* erhielten (II. 22). Später erscheint auch häufig die Quadriga mit dem Jupiter oder einer andern Gottheit auf den Denaren und sie wurden dann *quadrigati* genannt (II. 23). Das den Kopf der Göttin Roma darstellende Gepräge der Vorderseite erhielt sich indessen unverändert bis gegen das Jahr 630 der Stadt und erst um diese Zeit treten, anfänglich selten, später häufiger, an die Stelle desselben die Köpfe anderer Gottheiten oder auch berühmter Vorfahren der Münzmeister. Gleichzeitig fangen der Stadtname und das Werthzeichen, welches letztere auch durch eine durchstrichene X dargestellt wurde, zu fehlen an. Endlich treten an die Stelle der oben gedachten Münzmeisterzeichen oder Wappen die Namen der Münzbeamten, zuerst nur in Monogrammen oder Anfangsbuchstaben, gegen Ende des sechsten Jahrhunderts der Stadt auch voll ausgeschrieben.

Die Aufsicht über das Münzwesen war in Rom bestimmten Beamten (Münzmeistern) übertragen. Daneben waren auch die Imperatoren u. s. w., wenn sie sich mit ihren Heeren in entfernten Ländern und Provinzen befanden, kraft der ihnen übertragenen Amtsgewalt befugt, selbständig Münzen schlagen zu lassen. Die Münzmeister gehörten nach der für die Bekleidung öffentlicher Aemter bestimmten Reihenfolge zu den niederen Magistratsbeamten und bildeten in der Regel ein Collegium von drei Mitgliedern (*tres viri aere argento auro flando feriundo*). Nachdem sie, wie wir oben gesehen haben, anfänglich nur ihre Wappen, Monogramme und Namen auf die Münzen gesetzt hatten, gingen sie zu derselben Zeit, wo auf der Vorderseite der Romakopf, der Stadtname und das Werthzeichen zu schwinden anfangen, also um das Jahr 630 der Stadt, dazu über, auf der Rückseite die Thaten ihrer Vorfahren, ihre Abstammung und sonstige Beziehungen ihrer Familie durch bildliche Darstellungen zu verherrlichen. So ist auf einem Denar des Sextus Pompejus Faustulus die den Romulus und Remus säugende Wölfin dargestellt, wie sie von dem Hirt Faustulus (Vorfahr des Monetars) angetroffen wird, auf einem Denar des Münzmeisters Paullus Lepidus, aus dem Geschlechte der Aemilier, der von seinem Vorfahren L. Aemilius Paullus überwundene und in Gefangenschaft gerathene König Perseus von Macedonien, mit seinen Söhnen vor dem Sieger und einem Tropäum stehend (II. 24). Auf einem Denar des Münzmeisters C. Metellus, aus der Familie der Cäcilier finden wir eine Biga von Elephanten mit einer Figur, welche von der Victoria bekränzt wird, als Anspielung auf den Sieg seines Ahnen, des Proconsuls L. Metellus über Hasdrubal, dessen Elephanten er im Jahre 251 v. Chr. bei Panormus erbeutete, auf einem andern Denar desselben Münzmeisters einen Elephantenkopf in der Mitte macedonischer Schilde und umgeben von einem Lorbeerkranz, zur gleichzeitigen Erinnerung an die Siege seines Vaters über den Pseudophilippus im Jahre 148 v. Chr. und seines vorgenannten Vorfahren über Hasdrubal (II. 25); ferner auf einem Denar des Münzmeisters L. Titurius, welcher den Beinamen Sabinus führte, zwei Römer, Sabinerinnen raubend, und auf einem Denar des Quästors Lucius Manlius Torquatus, welcher sein Geschlecht von Titus Manlius Torquatus ableitete, den Schmuck (*torques*), welchen sein berühmter Vorfahr einem im Zweikampfe von ihm erschlagenen Gallier abnahm. Seltener finden sich auf den Denaren der Gegenwart entnommene Darstellungen, wie zum Beispiel die der beiden zum Getreidekauf schreitenden Quästoren Piso und Cäpio, ferner Abzeichen der Priester- und Augurwürde, Prägewerkzeuge und allegorische Figuren. Erwähnt sei nur noch eine in dieser Beziehung besonders interessante Reihe von Q. Pomponius Musa geprägter Denare, auf welchen als Anspielung auf seinen Namen beziehentlich als redendes Wappen die verschiedenen Musen, sowie ihr Führer *Hercules Musagetes* (auf den Münzen *Hercules Musarum* genannt) dargestellt sind. Neben den vorgedachten Darstellungen kommen aber die Biga und die Quadriga auf den späteren Denaren noch häufig vor.

Man nennt die zur Zeit der römischen Republik mit Anspielung auf ihre Geschlechtsehren von den Münzmeistern geschlagenen Denare, von denen noch eine grosse Zahl auf uns gekommen ist, Consular-, häufig auch Familienmünzen. Die Prägung derselben ist durchgängig geschickt und bietet bei der Mannigfaltigkeit interessanter Darstellungen grosse Abwechselung. Was dagegen die Schönheit der Darstellung und des Stempelschnitts anlangt, so bleiben die römischen Consularmünzen, obgleich sich auch unter diesen manche vortreffliche Arbeiten befinden, hinter den besseren griechischen Münzen zurück.

Eine auffallende Erscheinung im römischen Münzwesen sind die schon zur Zeit des zweiten punischen Krieges, noch häufiger aber unter den Kaisern vorkommenden gefütterten oder plattirten Denare *(denarii subaerati, subferrati)*, welche aus Kupfer, seltener aus Eisen bestehen und in sehr künstlicher Weise mit einem dünnen Silberüberzuge versehen sind. Man hielt sie anfänglich ausschliesslich für Falschmünzen, doch haben neuere Forschungen ergeben, dass sie, wenigstens zum Theil, als eine Art Creditmünzen neben den Werthmünzen vom Staate selbst in Umlauf gesetzt und von diesem zeitweise auch wieder eingezogen wurden. So beantragte M. Livius Drusus im Jahre 663 der Stadt die Emission eines plattirten auf je sieben vollwerthige Denare, während um das Jahr 670 strenge Massregeln ergriffen wurden, um die plattirten Denare zu beseitigen. Dass die Falschmünzer sich den in Rede stehenden Gebrauch wahrscheinlich zu Nutze machten und unterwerthige Denare schlugen, lässt sich nicht nur annehmen, sondern ist auch nachweisbar. Als ein Mittel, diesen Fälschungen zu begegnen, wird der namentlich in der letzten Zeit der Republik häufig vorkommende Gebrauch, den Rand der Denare sägenartig auszuzahnen, bezeichnet (II. 23). Man nennt diese ausgezahnten Münzen *denarii serrati*; ob indessen der für die Entstehung angegebene Grund der richtige ist, bleibt dahingestellt.

Gold wurde zur Zeit der römischen Republik nur vorübergehend und in sparsamer Weise ausgeprägt. Die ersten Goldmünzen wurden im Jahre 217 v. Chr., also zur Zeit des zweiten punischen Krieges geschlagen und bestanden in Sechszig-, Vierzig- und Zwanzig-Sesterzstücken. Schon vorher bediente man sich indessen des Goldes in der Form von Barren als eines Werthmessers, und der Staat controlirte die Feinheit des Metalles und bestrafte die Fälschung desselben wie die der Silbermünze. Auch wurde Barrengeld schon zeitig im Staatsschatze angesammelt, und als man im Jahre 209 n. Chr. diese Reserve angriff, fanden sich 4000 Pfund Gold in demselben vor.

Schliesslich sei hier noch einer besonderen Gattung Münzen erwähnt, welche früher irrthümlicher Weise oft den römischen Familienmünzen beigezählt wurden. Es sind dies die während des Bundesgenossenkrieges (91 bis 88 v. Chr.) von den verbündeten italienischen Stämmen geschlagenen Denare. Dieselben tragen theils lateinische, theils oskische Aufschrift. Die Osker waren eins der Urvölker Italiens. Sie wohnten vorzugsweise in Campanien und hatten eine eigene Sprache und eigenthümliche Schrift, welche beide schon im ersten Jahrhundert v. Chr. untergegangen sind, Es giebt indessen noch eine Reihe älterer, theils in Silber, theils in Kupfer geprägter Münzen dieses Volkes, welche auf uns gekommen und unter dem Namen oskische Münzen bekannt sind. Unter den zur Zeit des Bundesgenossenkrieges geschlagenen oskischen Münzen sind besonders von Interesse diejenigen, welche auf der Vorderseite einen weiblichen behelmten oder bekränzten Kopf (der Italia) und auf der Rückseite das Bild von zwei, vier oder auch acht Kriegern tragen, welche ein von einem zwischen ihnen knieenden Jünglinge gehaltenes Schwein mit den Schwertern berühren. Die letzgedachte Darstellung bezieht sich auf die Ceremonie des Bündnissschwures der im Bundesgenossenkriege betheiligten Stämme.

§ 14.

Das Münzwesen der römischen Kaiserzeit.

Wie bereits im vorhergehenden Paragraphen erwähnt, wurde zur Zeit der freien römischen Republik das Münzrecht in der Hauptstadt vom Senat beziehentlich dessen Beamten, den Münzmeistern und ausserhalb Roms von den Imperatoren oder deren Vertretern ausgeübt. Cäsar wich von diesem Grundsatze zuerst ab, indem er das Recht für sich in Anspruch nahm, auch in der Hauptstadt Gold und Silber zu prägen. Daneben münzte der Senat nach wie vor in Silber, später auch in Gold. Augustus, nachdem er in den Vollbesitz der Gewalt gelangt war, unterdrückte indessen um das Jahr 16 v. Chr. die senatorische Gold- und Silberprägung, machte also das Münzwesen in der Hauptsache zu einem kaiserlichen Hoheitsrechte. Dagegen überliess er dem Senate zur Entschädigung das Recht der Kupferprägung, welche seit dem Jahre 74 v. Chr. geruht hatte. Diese Münzordnung blieb im Wesentlichen bis auf Aurelian (270—276 n. Chr.), welcher dem Senate auch das Recht der Kupferprägung entzog, unverändert.

Ein anderes charakteristisches Merkmal des Münzwesens der Kaiserzeit besteht darin, dass in derselben der Gebrauch aufkam, auf die Vorderseite der Münzen, welche bisher ausschliesslich einer Gottheit gewidmet war, das Bild des Herrschers oder auch seiner Gemahlin oder sonstiger Angehöriger desselben zu setzen. Die erste derartige Münze ist eine im Jahre 44 v. Chr. geprägte Münze mit dem Bildniss Cäsars, doch ist dieselbe nicht von Cäsar selbst, sondern von dem Senate geschlagen worden, welcher hiermit wie mit anderen Dingen dem Genannten göttliche Ehre beilegte. Cäsar selbst enthielt sich auf seinen eigenen Münzen noch dieser Auszeichnung; dagegen finden wir auf Münzen seines Mörders, des M. Brutus, den Kopf desselben dargestellt — ein schlagender Beweis dafür, dass, wie Mommsen sagt, jene Freiheitsmänner sich vielmehr gegen den Monarchen erhoben, als gegen die Monarchie und ihr Sieg eben auch nichts anderes gebracht haben würde, als in etwas anderer Formulirung denselben Inhalt.

Während ferner, wie wir früher gesehen haben, zur Zeit der römischen Republik Gold nur in beschränktem Umfange und zwar blos vorübergehend von den Imperatoren geprägt wurde, beginnt mit der Kaiserzeit, veranlasst durch die unermesslichen Schätze an Edelmetallen, welche in Folge der Weltherrschaft Roms in dieser Stadt zusammenströmten, eine erweiterte Prägung in Gold. Das Ganzstück in diesem Metall war der (*denarius*) aureus im Werthe von 25 Silberdenaren (III. 30). Derselbe hatte ursprünglich ein Normalgewicht von $^1/_{40}$ Pfund oder 8,185 Gramm, doch ging dasselbe schon unter Augustus bis auf 7,80 Gramm, unter den späteren Kaisern aber noch weiter herab. Neben dem Ganzstücke wurden auch Hälften (*victoriati aurei*), vierfache Stücke (*quaterniones*) und später vorübergehend auch andere Nominale in Gold, theils mehrfache, theils Theilstücke, sämmtlich jedoch nur in verhältnissmässig geringem Umfange geschlagen.

Die senatorische Kupferprägung der Kaiserzeit unterscheidet sich von derjenigen der Republik durch verschiedene Merkmale. Zunächst tritt als Ganzstück der Sesterz (III. 32, 33, 34) hinzu, dessen Ausprägung in Silber schon zur Zeit der Republik aufgehört hatte. Neben dem Sesterz im Werthe von 4 As gab es noch den Dupondius = 2 As, den As, Semis = $^1/_2$ As und Quadrans = $^1/_4$ As, doch scheinen die beiden letztgedachten Nominale nicht lange geschlagen worden zu sein. Der alte Gebrauch, die Kupfermünzen mit Werthzeichen zu versehen, hörte unter den Kaisern auf. Dagegen wurde bei dem Sesterz und dem Dupondius dem Kupfer ein nicht unerheblicher Theil Zinn oder Zink zugesetzt, während der As, Semis und Quadrans aus verhältnissmässig reinem Kupfer geprägt wurden. Die beiden erstgedachten Nominale unterschieden sich daher ausser durch Gewicht und Grösse vorzugsweise durch die hellere Farbe von den übrigen Nominalen. Für den

Dupondius trat ausserdem später noch ein anderes Unterscheidungszeichen hinzu, indem seit Nero auf der gedachten Münze der Kaiser eine Strahlenkrone trägt, während auf allen übrigen Münzen der Kopt desselben mit Lorbeerkranz oder ohne allen Schmuck erscheint. Allen vom Senate geprägten Münzen gemeinschaftlich ist das an auffallender Stelle angebrachte S C (*senatus consulto*) (III. 29, 32, 39). In der späteren Kaiserzeit kommt bei den Kupfermünzen die oben erwähnte Metallmischung nicht mehr vor und es zeigen sich verschiedene Schwankungen in der Ausprägung der Nominale; namentlich verschwinden die früheren grossen Stücke ganz und es treten an deren Stelle ausschliesslich Kleinmünzen in Kupfer.

In Silber wurden fortdauernd Denare und, wenn auch nur in geringem Umfange, Quinare geschlagen. Unter Caracalla, und zwar seit 215 n. Chr. tritt ein neues Silbernominal hinzu, welches das Bild des Kaisers mit der Strahlenkrone oder das der Kaiserin auf dem Halbmonde trägt. Diese Gattung Münzen im Durchschnittsgewichte von 5 Gramm wurde nach ihrem Urheber M. Aurelius Antonius Caracalla *argenteus Aurelianus* oder *Antoninianus* (III. 38) genannt, während der Denar, welcher daneben bald mehr, bald weniger fortgeprägt wurde, im Gegensatz zu dem grösseren Silberstück mit der Strahlenkrone fortan häufig als *argenteus minutulus* bezeichnet wurde. Die letztgedachte Münze war unter den ersten Kaisern ebenso fein und vollwichtig wie in der letzten Zeit der Republik, das ist zu $^1/_{84}$ Pfund*) oder 3,90 Gramm ausgeprägt worden. Unter Nero trat indessen die erste allgemeine Verschlechterung des Denars ein, indem derselbe nicht nur leichter im Gewicht (zu $^1/_{96}$ Pfund), sondern durch ab-

---

*) Es ist hier wie überall bei Gewichtsbestimmungen von römischen Münzen das römische Pfund = 12 Unzen = 327,45 Gramm oder 19,65 Loth gemeint.

sichtliche Legierung mit unedlem Metall auch geringer im Korn ausgebracht wurde. Unter den späteren Kaisern folgten weitere Verschlechterungen der Silbermünze. Daneben waren zahlreiche plattirte oder gefütterte Denare im Umlauf, welche indessen in demselben Maasse allmählich verschwanden, in welchem die echte Münze geringhaltiger wurde, da die Arbeit des Plattirens in Folge des fortdauernd sinkenden Werthes der Silbermünzen nicht mehr lohnend genug war. Dieselben wurden schliesslich im dritten Jahrhundert fast zur Kupfermünze und unterschieden sich von der letzteren nur dadurch, dass sie durch Weisssieden einen flüchtigen Silberglanz erhielten und dass dem Gepräge das S C fehlte. Verhältnissmässig am wenigsten litten noch unter der allgemeinen Münzverschlechterung die Gold- und die Kupfermünzen. Einzelne Kaiser, wie namentlich Aurelian und Diocletian, machten zwar Versuche, diesem Münzunwesen Einhalt zu thun, doch hatten ihre Bestrebungen keinen dauernden Erfolg.

Die geschilderten Münzwirren wurden erst von Constantin und seinen Nachfolgern gründlich beseitigt. Ersterer regulirte die Goldprägung durch Einführung einer neuen Goldmünze, des *solidus* (das ist Ganzstück) im Gewichte von $^1/_{72}$ Pfund = $4{,}55$ Gramm. Theilstücke des Solidus waren der Triens oder Tremissis von $1{,}52$ Gramm und der Semis von $2{,}27$ Gramm. Gleichzeitig wurde ein neues Silberstück geprägt, welches als $^1/_{1000}$ des Goldpfundes gelten sollte und daher den Namen *miliarense* führte. Unter Julian wurden nach Abschaffung des Argenteus und des Antonianus, welche bisher noch im Course gewesen waren, die *siliqua* oder $^1/_2$ miliarense = $^1/_{24}$ des Solidus und die Halbsiliqua = $^1/_{48}$ des Solidus die Hauptsilberscheidemünzen.

Die Kupferprägung war bereits von Diocletian geregelt worden, welcher zwei Nominale schlagen liess: ein Grossstück (*pecunia major* oder *majorina*) und eine

Kleinmünze (*numus centenionalis*), welche bei Grosszahlungen in Beutel (*folles*) verpackt und nach dem Gewichte gerechnet wurde. Auf den Kupfermünzen Diocletians und seiner Nachfolger erscheinen ebenso wie auf den Gold- und Silbermünzen häufig wieder Werthbezeichnungen (Währungsziffern).

Was die Entwickelung der Münzkunst unter den römischen Kaisern anlangt, so ist es interessant, zu verfolgen, wie dieselbe mit dem Steigen und Sinken der übrigen Künste stets gleichen Schritt hielt und wie mit dem allmählichen Verfall des Staatswesens nicht nur eine allmähliche Verschlechterung des Münzfusses eintrat, sondern gleichzeitig auch ein allmähliches Sinken des Styls zu bemerken ist. Nach dem Untergange der Republik unter Augustus, zu dessen Zeitalter Kunst und Wissenschaft in Rom die höchste Blüthe erreichten und namentlich griechische Kunst dort heimisch wurde, entwickelte sich unter dem Einflusse derselben auch die Münzkunst rasch zu hoher Vollkommenheit. Sie sank allerdings unter seinen Nachfolgern, nahm aber unter dem kunstsinnigen Hadrian einen neuen Aufschwung, welcher auch unter den Antoninen andauerte. Demnächst verschlechterte sich der Styl der Münzen sehr rasch und auch die Technik in der Prägung wurde immer mehr vernachlässigt; man kehrte sogar, wie namentlich an den Antoninen zu bemerken ist, häufig zum Guss zurück. Unter Postumus, welcher von 258 bis 267 n. Chr. in Gallien herrschte, nahm der Styl der Münzen auffallender Weise wieder einen vorübergehenden Aufschwung. Ebenso sind die Münzen der Kaiser Aurelian, Diocletian und Constantin, welche sich auch um die Ordnung des Münzwesens verdient machten, wenn nicht gerade von künstlerischem Werth, so doch von weit besserer Technik in der Prägung, als diejenigen ihrer Vorgänger.

Sämmtliche Münzen der Kaiserzeit haben fast übereinstimmend auf der Vorderseite das Bild des Herrschers oder seiner Gemahlin oder sonstiger Angehöriger desselben, sowie eine den Namen, die Würden und Ehrentitel anzeigende Umschrift. So finden sich namentlich auf den Münzen der Kaiser in mehr oder minder abgekürzter Form die Titel: Imperator, Cäsar, Augustus (bei den Kaiserinnen Augusta), Augur, Pontifex Maximus, ferner die Abkürzungen, TR. P. oder TRIB. POT. *(tribunicia potestate)* COS. (Consul) und dahinter eine Zahl, welche andeutet, wie oft der Kaiser die Würde erhalten oder vielmehr angenommen hatte. Ebenso kommen die Ehrenbenennungen P. P. (*pater patriae)*, DIVVS als Ausdruck für die Vergötterung, oder DIVI F(*ilius*), P. F. (*pius felix*) und bei den späteren Kaisern D. N. (*dominus noster*) häufig vor. Die Rückseite der Münzen enthält meist Bildnisse von Gottheiten in ganzer Figur oder Darstellungen, welche die Siege und Thaten des Kaisers oder sonstige wichtige Ereignisse aus seiner Regierungszeit verherrlichen, oder allegorische Figuren mit entsprechender Umschrift, welche sich auf die Tugenden des Kaisers oder seiner Angehörigen beziehen. Auch finden sich auf einem Theil der unter Augustus geprägten Münzen noch die Münzmeisternamen, doch verschwinden dieselben sehr bald, da die Kaiser die Münze durch eigene Hausbeamte, welche oft aus der Zahl der Freigelassenen gewählt wurden, verwalten liessen. Die Darstellungen auf der Rückseite der Münzen sind in der Regel künstlerisch unbedeutend. Dagegen sind die Köpfe der Kaiser und Kaiserinnen bis zu den Antoninen so sorgfältig und künstlerisch schön geschnitten, so charakteristisch und von solcher Lebenswahrheit, dass sie uns die zuverlässigsten Portraits bieten. Dies gilt namentlich von den sogenannten Grossbronzen (Sesterzen und Dupondien), welche überhaupt unter den Münzen der Kaiserzeit den künstlerisch höchsten Werth haben. Unter den späteren Kaisern wird der Stempelschnitt immer roher und schablonenmässiger, so dass die Bildnisse schliesslich gar keinen Anspruch mehr auf Aehnlichkeit besitzen. Die Köpfe der Kaiser sind auf den Münzen bald mit, bald ohne Lorbeerkranz, auf den Antoninianen und Dupondien, später auch auf den übrigen Kupfermünzen mit der Strahlenkrone dargestellt. Seit Diocletion tritt an Stelle derselben auch der Helm und seit Constantin häufig das Diadem. Charakteristisch ist, dass bis Hadrian auf den Münzen kein Kaiser mit einem vollen Barte erscheint.

Eine eigenthümliche Gattung Münzen der Kaiserzeit bilden die sogenannten Consecrationsmünzen (III. 35), welche der Sitte, die Kaiser und auch Angehörige derselben nach ihrem Tode unter die Götter zu versetzen, ihre Entstehung verdanken und darauf bezügliche symbolische Darstellungen tragen, sowie die restituirten Münzen Trajans. Letztere sind von dem genannten Kaiser zur Erinnerung an die Vorzeit unter Wiederholung von auf älteren Münzen vorkommenden Typen und unter Beifügung seiner Namensaufschrift mit dem Zusatze REST(*ituit*) vorübergehend geprägt worden. Interessant sind auch die Reisemünzen des Kaisers Hadrian. Mit diesem Namen werden nämlich diejenigen Münzen des gedachten Kaisers bezeichnet, welche sich auf seine Reisen beziehen. Hadrian hat bekanntlich während seiner 21jährigen Regierung mehr als 13 Jahre auf Reisen zugebracht, und die zur Erinnerung an seinen Aufenthalt in den verschiedensten Provinzen und Städten des römischen Reiches geprägten Münzen sind, wenn sie uns auch hinsichtlich der Zeit ihrer Entstehung oft im Zweifel lassen, doch die Hauptquellen für die Kenntniss der Reisen des Kaisers. Bekannt sind nicht weniger als 59 Reisemünzen Hadrians mit verschiedenen Typen und Aufschriften in Gold, Silber und Kupfer.

welche sich auf 28 verschiedene Provinzen und Städte beziehen. Es sind dies nach der muthmasslichen Reihenfolge, in welcher Hadrian dieselben besucht hat: Mösien, Dacien, Italien, Gallien, Germanien, Rhätien, Noricum, Britannien, Spanien, Afrika, Lybien, Asia, Phrygien, Cappadocien, die Quartiere der an der parthischen Grenze stationirten Legionen (*exercitus parthicus*), Bithynien, Nicomedia, Thracien, Macedonien, Achaja, Sicilien, Mauretanien, Cilicien, Syrien, Judäa, Arabien, Alexandrien und Aegypten.

Ferner sind hier noch die sogenannten Medaillons zu erwähnen, welche unter verschiedenen Kaisern geprägt wurden und nicht eigentliche Geldstücke, sondern Schaumünzen nach Art unserer Medaillen waren. Dieselben sind weit grösser und schwerer als die Currentmünzen und zeichnen sich namentlich durch kunstvolleren Stempelschnitt und edleren Styl vor letzteren aus. Sie kommen in Gold, Silber und Kupfer vor, und zwar wurden Goldmedaillons zuerst unter Augustus und dann wieder unter Domitian und den späteren Kaisern, Silbermedaillons ebenfalls zuerst unter Domitian und Bronzemedaillons zuerst unter Trajan geprägt. Von letzteren bestehen manche aus zwei Stücken (*médailles de deux cuivres*), nämlich aus der eigentlichen Medaille von Kupfer und einem vor der Prägung um dieselbe gelegten Ringe von gelblichem Erz. Die Bronzemedaillons mögen zum Theil zur Verzierung der Feldzeichen gedient haben, wie noch die an manchen vorhandenen Spuren des Einlöthens erkennen lassen, während die an den Gold- und Silbermedaillons befindlichen Oesen beweisen, dass sie wahrscheinlich als Ehrenzeichen vertheilt und an Ketten getragen wurden. Contorniaten nennt man endlich grosse, aus dem vierten und fünften Jahrhundert n. Chr. herrührende Bronzestücke, welche am Rande mit einem vertieften Kreise (*contorno*) versehen sind und oft eingelegte Silberzierrate haben. Sie sind von sehr flachem Gepräge und tragen auf der Vorderseite den Kopf des herrschenden oder eines früheren Kaisers, bisweilen auch das Bildniss anderer berühmter Männer des Alterthums, während die Rückseite verschiedenen, meist auf die Rennbahn bezüglichen Darstellungen gewidmet ist. Sie dienten daher wahrscheinlich zu irgend welchen Zwecken bei den circensischen Spielen.

Eine Anzahl Abbildungen von Münzen der römischen Kaiserzeit sind auf Tafel III zusammengestellt. Die Erklärungen zu denselben sind unter No. 28 bis 43 der Erläuterung der Münzabbildungen gegeben.

§ 15.

Die Münzprägung im römischen Reiche ausserhalb der Hauptstadt.

Zur Zeit der Republik wurde die Münzprägung grundsätzlich nur in Rom und zwar seit Einführung des Silbergeldes in dem Tempel der *Juno Moneta* ausgeübt. Daneben haben allerdings, wie aus den auf manchen Münzen befindlichen Städtenamen und Monogrammen zu schliessen ist, in der ersten Zeit der Republik in Italien und auf den dazu gehörigen Inseln für die Kleinmünze römische Nebenmünzstätten bestanden, doch scheint diese Einrichtung nur eine vorübergehende gewesen zu sein. Ferner waren, wie wir bereits oben gesehen haben, die mit dem militärischen Imperium bekleideten Beamten ausserhalb Roms zur Ausübung des Münzrechts befugt. Dasselbe Recht stand natürlich auch den Kaisern zu, und es erklärt sich hieraus, dass sie, wie es durch den Umfang des römischen Reiches geboten war, dieses Recht zum Theil durch ihre

Beamten ausüben liessen und schliesslich stehende Reichsmünzstätten in den Provinzen einrichteten. So bestanden solche in Lyon (*Lugdunum*), Trier (*Treviri*), Thessalonich, Sirmium, Antiochia, Nicomedia, Alexandria und an vielen anderen Orten. Wir finden diese Prägestätten in der Regel auf der Rückseite der Münzen im Abschnitt durch den Namen derselben in abgekürzter Form oder durch die Anfangsbuchstaben angedeutet (III. 42, 43).

Was die Ausübung des Münzrechts seitens der von den Römern abhängigen Gemeinden, Provinzen und Schutzstaaten anlangt, so bildete sich in der späteren Zeit der Republik der Grundsatz aus, dass dasselbe als ein ausschliessliches Hoheitsrecht der staatlichen Souveränetät zu betrachten sei und demgemäss den den Bürgercolonien und sonstigen nicht selbständigen Gemeinden nicht zustehe. Dagegen blieb den zwar in thatsächlicher Abhängigkeit befindlichen, aber rechtlich freien Schutzstaaten dieses Hoheitsrecht gewahrt. Demgemäss wurden zur Zeit der römischen Republik von der macedonischen Eidgenossenschaft, den Städten der Provinz Asia, den Bundesstädten Syracus, Osca, Massilia, Nemausus, Lugdunum, Dyrrhachium, Apollonia, Rhodus, Athen und in vielen andern Städten, namentlich des Hellas und in Spanien, sowie von keltischen, numidischen und andern Fürsten und Völkern selbständig Münzen in der Landeswährung geschlagen, auch nachdem sie unter römische Botmässigkeit gelangt waren. Unter Augustus änderte sich dieses Verhältniss, wie daraus hervorgeht, dass derselbe einzelnen Bürgercolonien, Landschaften und Gemeinden das Münzrecht ausdrücklich verlieh, das Münzrecht der Bundesgenossen etc. aber wesentlich beschränkte, indem er zunächst die Goldprägung im ganzen Reiche sowie in den von demselben abhängigen Staaten sich ausschliesslich vorbehielt. Sodann wurde in der westlichen Reichshälfte auch das Münzrecht in

Silber allen Gemeinden und Landschaften entzogen. Der Denar wurde zur Reichsmünze erhoben, und wenn auch im Osten neben der örtlichen beziehentlich communalen Prägung in Kupfer eine solche in Silber noch fortbestand, so wurde dieselbe doch in ein festes, gesetzliches Verhältniss zum Denar gestellt. Eine Ausnahme machte blos Aegypten, woselbst noch lange nach Drachmen, Obolen und Chalkus gerechnet worden zu sein scheint. Im dritten Jahrhundert n. Chr. begann die communale Prägung überall in die allgemeine Reichsprägung aufzugehen, bis sie schliesslich unter Aurelian im ganzen Reiche, ausgenommen in Aegypten, welches erst einige Jahre später folgte, ganz aufgehoben wurde.

Bei den unter den ersten Kaisern in Griechenland und Kleinasien geprägten Münzen, welche, wie wir oben gesehen haben, theils von den römischen Beamten (Proconsuln, Proprätoren u. s. w.) im Auftrage des Kaisers, theils von einzelnen Städten kraft des ihnen verliehenen wenn auch nur beschränkten Münzrechts geschlagen wurden, macht sich noch lange die Einwirkung griechischer Kunst bemerkbar. Sie zeichnen sich durch Schönheit des Styls und des Stempelschnitts, namentlich aber durch ihren Reichthum an wechselnden Typen aus. In der Folge sank zwar der Kunstwerth dieser Münzen, dagegen blieb die Fülle der Darstellungen, welche sich vornehmlich auf die Lokalgottheiten und die Mythe der betreffenden Städte und Landschaften beziehen. Die in Rede stehenden Münzen tragen auf der einen Seite meist das Bild des Kaisers und sind gewöhnlich mit griechischer, seltener mit lateinischer, manchmal auch mit theils griechischer, theils lateinischer Aufschrift versehen. Mit der Aufhebung der communalen Prägung im ganzen römischen Reiche und Ausdehnung der stehenden kaiserlichen Münzstätten schwindet die griechische Aufschrift und der Typus unterscheidet sich wenig von den in Rom selbst geprägten Münzen.

§ 16.

Werthbestimmung der römischen Münze.

Um von dem Werthe der römischen Münzen im Vergleich zu unserm heutigen Gelde ein richtiges Bild zu erhalten, sind drei Factoren in Betracht zu ziehen: das Gewicht und der Feingehalt der Münzen, das Verhältniss des Werthes des Münzwährungsmetalles zu andern Edelmetallen und das Verhältniss des Angebots zur Nachfrage, das ist der Preis der Metalle, der wichtigsten Lebensbedürfnisse, der Löhne u. s. w. in dem betreffenden Zeitalter.

Was das Gewicht und den Feingehalt der römischen Münzen anlangt, so sind bereits zahlreiche gut erhaltene Stücke von den Metrologen gewogen, eingeschmolzen und auf ihren Feingehalt geprüft worden. Wir kennen also von allen in Betracht kommenden Münzgattungen genau das Durchschnittsgewicht und den Feingehalt, also auch den heutigen Metallwerth derselben. Schwieriger ist die Bestimmung des hier vorzugsweise in Betracht kommenden Verhältnisses des Werthes des Goldes zu demjenigen des Silbers. Wo das Gold Werthmesser ist, also die Goldwährung herrscht, da ist das Silber eine Waare; umgekehrt ist das Gold eine Waare, wo die Silberwährung herrscht. Jede Waare steigt und sinkt fortwährend im Preise und es ist daher das Werthverhältniss des Goldes zum Silber von jeher ein wechselndes gewesen. Im Orient war das Werthverhältniss des Goldes zum Silber in der ältesten Zeit 1 : 10. Bei den Römern stand das Gold zur Zeit der Republik, in welcher nur anfänglich die Kupfer-, später aber die Silberwährung herrschte, durchschnittlich im Verhältniss von beinahe 1 : 12; unter den Kaisern, die, nachdem eine Zeit lang gemischte Währung bestanden hatte, die Goldwährung einführten, hatte es einen etwas höheren Werth, während bei uns derselbe bis vor Einführung der Goldwährung in Deutschland das $15^{1}/_{2}$fache des Silbers betrug und seitdem noch weit höher gestiegen ist. Um also den Werth der römischen Münze im Vergleich zu unserm heutigen Gelde richtig zu bestimmen, muss man auch dieses Verhältniss in Betracht ziehen, das heisst den Münzwerth nach dem heutigen Preise der Edelmetalle beziehentlich des Goldes abmessen, was immerhin schwierig ist und zu Untersuchungen führen würde, welche über den Rahmen dieses Werkes hinausgehen. Noch schwieriger wird die Schätzung, wenn man die Preise der gewöhnlichen Lebensbedürfnisse und sonstiger Waaren in Betracht zieht. Die sichersten Werthmesser würden noch hierbei die Getreidepreise und der Tagelohn des gewöhnlichen Handarbeiters sein. So war zum Beispiel im Mittelalter der Landmann, welcher jährlich 100 Centner Korn zum Preise von zwei Mark für den Centner verkaufte, im Allgemeinen ebenso reich, wie der Landmann der heutigen Zeit, welcher eine gleiche Menge jährlich auf den Markt bringt, für den Centner aber das Vier- oder Fünffache erhält. Ferner stand sich der Handarbeiter des Mittelalters, welcher einen Tagelohn von einigen Pfennigen erhielt und sich dafür die nothwendigsten Lebensbedürfnisse zu beschaffen in der Lage war, ebenso gut wie der Handarbeiter unserer Zeit, welcher vielleicht das Zehnfache verdient. Um also ein genaues Bild darüber zu gewinnen, welchen Werth ein Denar zur Zeit der Republik oder unter den Kaisern für den römischen Staatsangehörigen gehabt hat, müssten alle oben erwähnten Gesichtspunkte in Betracht gezogen werden. Da es aber an genügenden Grundlagen hierzu fehlt und namentlich unsere Kenntniss der römischen Preisverhältnisse höchst mangelhaft ist, so erübrigt nur, den Werth der römischen Münzen, ebenso wie wir es bereits früher bei der Reduction griechischer Münzen gethan haben, nach dem Geltungswerthe unseres heutigen

Silbergeldes abzuschätzen, das ist anzugeben, welchen Werth das zur Herstellung einer bestimmten römischen Münze verwandte Metallquantum haben würde, wenn es als deutsche Münze geprägt worden wäre. Auszunehmen von diesem Grundsatze ist nur das älteste römische Kupfergeld, da, wie wir oben gesehen haben, das Kupfer seiner Zeit das alleinige Courant bei den Römern war, während es in Deutschland nur Scheide- beziehentlich Creditmünze ist. Dies vorausgeschickt, mögen hier einige Vergleichungen römischer Münzwerthe mit unserm heutigen Gelde folgen, wobei noch zu bemerken ist, dass, wie es für den vorliegenden Zweck genügen dürfte, die reducirten Beträge überall entsprechend abgerundet sind.

Was zunächst den Werth der libralen Kupfermünze anlangt, so folgen wir hier, wie bei den übrigen Werthbestimmungen, den Angaben von Hultsch. Derselbe setzt den Werth eines Kilogramms Kupfer zu 1,94 Mark und das wirkliche Gewicht des römischen Libralasses zu 10 Unzen = 272,88 Gramm an. Hiernach stellt sich unter entsprechender Berücksichtigung der Legirung (durchschnittlich über 7% Zinn und 23,6% Blei) der Werth des römischen Schwerkupfers wie folgt:

1 As	= 0,47	Mark
1 Semis	= 0,23	„
1 Triens	= 0,16	„
1 Quadrans . . .	= 0,12	„
1 Sextans	= 0,08	„
1 Uncia	= 0,04	„

Das Normalgewicht des ältesten Denars der Republik betrug $^1/_{72}$ Pfund = 4,584 Gramm. Derselbe hatte so wenig Legirung, dass das Silber als ganz fein angenommen werden kann. Reduciren wir nun den Denar auf deutsches Silbergeld, dessen Mischungsverhältniss 900 Theile Silber und 100 Theile Kupfer beträgt, so ist der

Denar	=	0,82	Mark
Quinar	=	0,41	„
Sesterz	=	0,20	„

Im Jahre 217 v. Chr. wurde das Gewicht des Denars auf $^1/_{84}$ Pfund = 3,898 Gramm herabgesetzt. Gleichzeitig sank das Kupfergeld, welches, obgleich mehrfach reducirt, bisher neben dem Silber noch als Courantmünze cursirt hatte, zur Scheidemünze herab, und es wurden statt 10 Asse 16 auf den Denar beziehentlich 4 auf den Sesterz gerechnet. Es stellt sich also der

Denar	=	0,70	Mark
Victoriatus ($^3/_4$ Denar) .	=	0,53	„
Quinar	=	0,35	„
Sesterz	=	0,17	„
As	=	0,04	„

Unter den Kaisern fand, wie bereits oben erwähnt, eine erweiterte Goldprägung statt und man ging in Folge dessen, nachdem von Augustus bis Nero noch gemischte Gold- und Silberwährung geherrscht hatte, schliesslich zur reinen Goldwährung über. Die Münzeinheit, der *aureus*, hatte ursprünglich ein Gewicht von $^1/_{40}$ Pfund, wurde aber schon unter Augustus etwas niedriger ausgebracht, und wenn das Gewicht auch unter Nero und M. Aurelius vorübergehend noch etwas mehr verringert wurde, so sank es doch unter den Kaisern der ersten beiden Jahrhunderte nicht unter $^1/_{45}$ Pfund herab. Es kann also das Normalgewicht des *aureus* für den angegebenen Zeitraum zu $^1/_{42}$ Pfund oder 7,80 Gramm angenommen werden. Die gedachte Münze war ferner, gleichwie der Denar, von fast ganz feinem Gehalt, und die in derselben nach den angestellten Proben vorkommende äusserst geringe Legirung darf um so weniger in Betracht gezogen werden, als sie keine absichtliche war, sondern darin ihren Grund hatte, dass die Scheidekunst bei den Römern noch nicht so entwickelt war wie bei uns. Nach dem deutschen Reichsmünzgesetze vom 9. Juli 1873 ist das Werthverhältniss des Goldes zur Silbermünze vorübergehend auf 1 : 15½ bestimmt worden. Setzen wir nun das römische Pfund Gold fein ebenfalls zum 15½fachen Werthe des Silbers an — der Denar wurde in der ersten Kaiserzeit ebenso vollwichtig und fein wie unter der Republik fortgemünzt —, so berechnet sich der Werth des Goldpfundes auf 913,593 Mark genau und des *aureus* auf $\frac{913{,}593 \text{ Mark}}{42} = 21{,}752$ Mark oder rund 21,75 Mark. Nach Einführung der Goldwährung kann der Werth des Denars selbstverständlich nicht mehr nach der Silberwährung bestimmt, sondern er muss als der fünfundzwanzigste Theil des Goldstücks (vergleiche § 14) betrachtet werden und es stellt sich hiernach der Werth des Denars auf 0,87 Mark, also weit höher als unter der Republik. Weiter berechnet sich nach diesem Verhältniss der Werth

des Quinars	auf	0,44	Mark
„ Sesterz	„	0,22	„
„ Dupondius	„	0,11	„
„ As	„	0,05	„

und so fort.

Wie sich das Werthverhältniss der römischen Münze zu unserem heutigen Gelde während der Münzwirren unter den späteren Kaisern gestaltete, dürfte schwer zu bestimmen sein, denn es wurden von denselben nicht nur wiederholt Aenderungen des Münzfusses angeordnet, sondern es ist auch anzunehmen, dass der Courswerth des Geldes, namentlich der Scheidemünze, in der Regel hinter dem Nominalwerthe desselben zurückgeblieben sein wird. Hiernach lässt sich der Werth der aus der angegebenen Zeit herrührenden Münzen nur nach ihrem inneren Gehalt bestimmen. Sehr schätzenswerthe Beiträge hat in dieser Beziehung von Rauch in seinem

Aufsatze „Ueber die römischen Silbermünzen und den inneren Werth derselben“ (Mittheilungen der numismatischen Gesellschaft in Berlin. Drittes Heft. 1857) geliefert. Wir entnehmen daraus, dass beispielsweise die Denare des Marc. Aurelius nur noch einen Werth von M. 0,45 bis M. 0,37, des Gordianus III. von M. 0,41 bis M. 0,20 und des Gallienus sowie der auf denselben folgenden Kaiser bis Diocletian meist sogar blos einen Werth von 3 bis 4 Pfennigen hatten, wobei die seit 1857 eingetretenen Veränderungen im Preise der Metalle gar nicht in's Gewicht fallen können.

§ 17.

Die römische Sesterzrechnung.

Seit dem Ende des sechsten Jahrhunderts der Stadt bildete der Denar die hauptsächlichste römische Courantmünze, welche nicht nur innerhalb der Grenzen des Reiches, sondern, soweit sie von gutem Silber war, auch darüber hinaus und noch lange nach dem Untergange der westlichen Hälfte desselben als Handelsmünze allgemeine Geltung hatte. Es beweisen dies die zahlreichen Denare, welche beispielsweise in den Ostseeprovinzen und in Polen bald für sich allein, bald mit späteren Münzen zusammen noch heut gefunden werden. Gleichwohl war die Rechnungseinheit der Römer unter den Kaisern bis Diocletian, wie auch schon in der letzten Zeit der Republik der Sesterz = $^1/_4$ des Denars oder $^1/_{100}$ des *aureus*. Bis tausend wurden die Sesterze einfach gezählt, *trecenti sestertii* waren also 300 Sesterze. Sobald es sich indessen um Darstellung eines Mehrfachen von tausend handelte, bediente man sich oft gewisser Abkürzungen, indem man *sestertius* appositiv oder in der Genitivform *sestertium* (für *sestertiorum*) zu *milia* hinzusetzte und das letztgedachte Wort selbst wegliess. So bedeuten beispielsweise *trecenta sestertia* 300000 Sesterzen. Eine Million wurden in der Regel mit *decies*, zwei Millionen mit *vicies*, drei Millionen mit *tricies* u. s. w. *sestertium* bezeichnet, wobei *centena milia* weggelassen ist. Die Genitivbedeutung von *sestertium* ging schliesslich bei dieser Zählweise ganz verloren und man bildete sich, ähnlich wie die Griechen in ihrem Talent, eine grosse Rechnungsmünze, das Sestertium, welches 100 000 Sesterzen enthielt. Das alte Münzzeichen für das Wort Sesterz IIS (in den alten Handschriften gewöhnlich HS geschrieben) wurde beibehalten, daneben unterschied man aber auch die Tausende und Hunderttausende dadurch, dass man bei ersteren über die Zahlzeichen einen wagerechten Strich setzte und bei letzteren ausserdem noch an jeder Seite einen senkrechten Strich hinzufügte. So waren

HS decem oder HSX = decem sestertii (10 Sesterzen)

HS decem milia oder HS$\overline{X}$ = decem milia sestertium (10000 Sesterzen)

HS decies oder HS$|\overline{X}|$ = decies sestertium (1 Million Sesterzen).

Als Beispiele der römischen Sesterzrechnung mögen hier einige bei den Schriftstellern vorkommende, auch in historischer Beziehung nicht uninteressante Zahlenangaben folgen. So betrug der senatorische Census zur Kaiserzeit 1 Million Sesterzen (ungefähr 220000 Mark), das Gehalt eines Legionstribunen 25000 Sesterzen (ungefähr 5500 Mark), das Gehalt eines *praefectus vehiculorum*, Directors der kaiserlichen Staatspost 100000 Sesterzen (ungefähr 22000 Mark), das Vermögen des M. Crassus 170 Millionen Sesterzen (ungefähr 37400000 Mark) und das Vermögen des Augur Cn. Lentulus, das höchste, welches uns überhaupt aus dem Alterthum bekannt ist, 400 Mill. Sesterzen (ungefähr 88000000 Mk.).

§ 18.

Die Münzen der oströmischen Kaiser.

Die Münzen der Kaiser des oströmischen Reiches umfassen einen Zeitraum von mehr als 1000 Jahren und sind daher sehr zahlreich. Sie sind von Gold oder Kupfer, seltener von Silber und tragen auf der einen Seite meist das Bild des Kaisers mit Helm oder Perlendiadem, oft auch daneben das Brustbild seines Sohnes oder der Mutter Gottes. Auf der Rückseite befindet sich gewöhnlich das aus dem griechischen X und P zusammengesetzte Monogramm Christi, oder ein auf mehreren Stufen stehendes Kreuz, oder das Brustbild des Heilandes mit Nimbus, oder auch blos eine Legende und die Werthbezeichnung, doch wird ein auf das herrschende Christenthum bezügliches Beizeichen, namentlich das Kreuz, niemals fehlen. Die Aufschrift ist aus griechischen und lateinischen Buchstaben gemischt. Im Uebrigen sind die Münzen der oströmischen Kaiser, welche unter einigen derselben auch schüsselförmig geprägt wurden, meist ohne allen künstlerischen Werth. Der Stempelschnitt ist flach, die Bildnisse der Kaiser sind steif und eckig und ohne jede Portraitähnlichkeit. Fast jeder Kopf gleicht dem andern. Von besonderem Interesse sind indessen die oströmischen Goldmünzen *(solidi)* insofern, als sie während des Mittelalters lange Zeit die einzigen Goldmünzen waren und unter dem Namen Byzantiner in der ganzen damals bekannten Welt als Handelsmünze allgemeine Verbreitung hatten (IV. 44, 45). Die oströmischen Kaiser massten sich daher, altem Herkommen gemäss, auch das ausschliessliche Recht der Ausprägung von Goldmünzen an; wenn indessen dieses Recht lange Zeit von den andern Fürsten scheinbar respectirt, oder von denselben wenigstens das Brustbild des Kaisers auf ihre Goldmünzen gesetzt wurde, so ist der Grund dieser

Erscheinung weniger in der Anerkennung der römischen Oberhoheit, wie ein spätrömischer Schriftsteller (Procop) annimmt, als in dem Umstande zu finden, dass Münzen mit anderem Gepräge beim Volk schwer Eingang gefunden haben würden. Thatsächlich wurde auch das von den oströmischen Kaisern in Anspruch genommene Recht von den Merowingern und Longobardenkönigen nicht anerkannt, indem dieselben, wie wir später sehen werden, eigene Goldmünzen schlugen. Der Solidus (Byzantiner), dessen Gehalt unter den verschiedenen Kaisern sehr verschieden war, trägt häufig auf der Rückseite im Abschnitt die Anfangsbuchstaben der Prägestätte CON *(stantinopolis)* und das Werthzeichen OB ($^1/_{72}$ des Goldpfundes).

§ 19.

Die Münzen aus der Zeit der Völkerwanderung.

Von den in der Völkerwanderung auftretenden Nationen sind es der Reihe nach die Westgothen, Vandalen, Hunnen, Ostgothen und Longobarden, welche unser Interesse vorzugsweise in Anspruch nehmen. Von den gedachten Völkern haben die Hunnen, bekanntermassen die rohesten und uncultivirtesten unter ihnen, niemals eigene Münzen besessen. Sie verschwanden ebenso schnell, wie sie gekommen, wieder vom Schauplatz der Geschichte und blieben während der kurzen Zeit ihrer Herrschaft in Italien Barbaren, wie sie es vorher gewesen waren. Die Westgothen, welche, als sie in die Geschichte eintraten, am linken Ufer der Donau, etwa im heutigen Rumänien ihre Wohnsitze hatten, besassen, so viel uns bekannt, damals keine eigenen Münzen. Auch während ihrer Herrschaft in Italien unter Alarich wurden von den Westgothen keine Münzen geprägt. Erst in Gallien und in Spanien, woselbst sie dauernde Wohnsitze eingenommen hatten, schlugen sie eigene Münzen, welche indessen äusserst selten sind. Sie umfassen den Zeitraum von 586 n. Chr. bis zur Vernichtung des Westgothenreiches durch die Araber im Jahre 711. Auch von den Vandalen sind uns Münzen erst aus der Zeit ihrer Herrschaft in Nordafrika, also etwa von 428 bis 534, bekannt. Es sind ausschliesslich Silber- und Kupfermünzen, nach dem Styl der gleichzeitigen byzantinischen und ostgothischen geprägt, mit lateinischer Aufschrift. Die Vandalenmünzen sind im Allgemeinen ebenfalls selten, doch besitzen wir solche von allen fünf Königen, welche nach Genserich herrschten. Auch von Carthago giebt es aus der Zeit der Vandalenherrschaft kupferne Autonommünzen, welche zum Theil noch den, wahrscheinlich von den antiken Münzen überkommenen Pferdekopf tragen.

In den letzten Jahren des weströmischen Reiches gewann bekanntlich der Sueve Ricimer († 472) solchen Einfluss, dass er willkürlich über Thron und Reich verfügte. Er bekleidete sich selbst zwar nicht mit dem Purpur, doch besitzen wir einige Münzen, welche neben dem Bildniss des Kaisers das Monogramm des Ricimer tragen. Odoaker, richtiger wohl Odovacar geschrieben, welcher im Jahre 476 dem weströmischen Reiche ein Ende machte und sich den Titel „König von Italien“ beilegte, hat ebenfalls das Münzrecht ausgeübt, doch sind von ihm nur wenige Stücke bekannt, darunter zwei höchst interessante Silbermünzen, welche auf der einen Seite sein schnurrbärtiges Brustbild mit der Umschrift FL ODOVAC, auf der andern Seite sein Monogramm zeigen.

Die Ostgothen besassen gleichwie die oben genannten Völker anfänglich ebenfalls keine eigenen Münzen, schlugen aber solche während ihrer Herrschaft in Italien von 489—552 in ziemlich erheblichem Umfange nach dem Muster der vorgefundenen römischen (IV. 46). Da indessen die Ostgothen mit Einwilligung und gewissermassen im Auftrage des oströmischen Kaisers Italien erobert hatten und während ihrer Herrschaft daselbst die kaiserliche Oberhoheit anerkannten, so setzten ihre Könige fast auf alle Münzen zu ihrem eigenen Namen das Bild und den Namen des Kaisers. Eine weitere Eigenthümlichkeit der ostgothischen Münzen, welche also nicht als eigentliche Autonommünzen betrachtet werden können, aber in allen Metallen geprägt wurden, sind ferner die auf ihnen häufig vorkommenden, oft schwer zu entziffernden Monogramme der Königsnamen (IV. 46). Die Stadt Rom hatte unter den Ostgothen ebenfalls das Recht, Kupfermünzen zu prägen, von welchen noch viele auf uns gekommen sind. Sie tragen auf der Vorderseite meist den Kopf der Roma mit Helm und die Umschrift INVICTA ROMA. Auch von Ravenna giebt es aus der Zeit der Ostgothenherrschaft Münzen von Kupfer.

Nach dem Aufhören des Ostgothenreiches wurde Italien bekanntlich dem oströmischen Reiche einverleibt, doch bemächtigten sich die Longobarden bald des ganzen Nordens von Italien. Von den Königen derselben (bis auf den letzten, Desiderius, 736—774) sind ebenfalls Münzen bekannt, doch sind selbige von grosser Seltenheit. Von den übrigen in der Völkerwanderung auftretenden Nationen haben nur noch die Sueven und Burgunder einige Münzen hinterlassen.

§ 20.

Die Münzen der Araber.

Die Araber waren ursprünglich ein in viele kleine Stämme zerfallendes Volk, welches zum grössten Theil ein kriegerisches Nomadenleben führte und nur, soweit es den fruchtbaren Küstenstrich Jemen (das glückliche Arabien) bewohnte, Handel trieb und einen höheren Grad von Cultur besass. Erst nach der Stiftung des Islams durch Muhammed (622 n. Chr.), welcher die zerstreuten Stämme zu gemeinsamen Unternehmungen vereinigte, beginnen die Araber eine wichtige Rolle in der Geschichte zu spielen. Aus ihren bisher nicht überschrittenen Grenzen hervortretend, dehnten sie unter den Nachfolgern des Propheten ihre Herrschaft rasch über drei Welttheile aus. Dementsprechend nehmen auch die Münzen der Araber lange Zeit hindurch einen wichtigen Platz in der Geschichte des Münzwesens ein.

Die Araber prägten in den neu eroberten Gebieten zunächst Münzen nach dem Muster derer, die bisher dort coursirt hatten. In Palästina schlugen sie Münzen nach byzantinischem Typus, in Persien nach sassanidischem, in Afrika und Spanien solche mit lateinischen Aufschriften. Erst der Chalif Abdalmelik führte im Jahre 696 rein arabische Münzen ein, die (da durch den Islam alle bildlichen Darstellungen verboten waren) ausschliesslich Koransprüche tragen. Meist enthalten sie den Spruch: „Es giebt keinen Gott ausser Gott allein und Muhammed ist der Gesandte Gottes." Ausserdem nennt fast jede arabische Münze das Jahr und den Ort ihrer Prägung, den Namen des Herrschers und oft noch Namen von Münzbeamten (IV. 48). Durch diese Angaben sind die arabischen Münzen eine Geschichtsquelle von höchster Wichtigkeit und nur durch sie ist es möglich, die oft sehr verworrenen Historiker der muhammedanischen Völker zu controliren. Selbst die religiöse Secte, der der Prägeherr angehörte, lässt sich meist aus den Koransprüchen, die er auf seine Münzen gesetzt hat, erkennen.

Die älteren arabischen Münzen nennt man gewöhnlich kufische; dieser nicht ganz passende Name rührt davon her, dass sie meist sogenannte kufische Schrift (die etwa unserer Fracturschrift entspricht) tragen. Der Name der Goldmünze der Araber ist merkwürdiger Weise Dinar, das ist *denarius*, der der Silbermünze Dirhem, das ist *Drachme*, der des Kupferstücks Fuls, das ist *follis* — alle Namen sind also dem römischen und griechischen Münzwesen entlehnt.

Während der Dauer des omajjadischen und in der ersten Zeit des abassidischen Chalifats stand das Recht der Prägung nur den Chalifen zu. Als das Chalifenreich zerfiel, fingen auch die kleineren Dynasten zu prägen an: so die Idrisiden in Nordafrika, ein Zweig der Omajjaden in Spanien, die Taheriden in Chorasan, die Samaniden in Transoxanien und viele andere. Die Münzen der Samaniden sind für uns insofern von besonderem Interesse, als sie in Folge des grossartigen Handelsverkehrs, der einst zwischen Centralasien und den Slavenländern bestand, im zehnten Jahrhundert in grossen Mengen in den Küstenländern der Ostsee coursirt haben.

Noch sei erwähnt, dass unter den kleinen Dynastien Syriens und Mesopotamiens, entgegen dem oben erwähnten religiösen Verbot, zur Zeit der Kreuzzüge grosse Kupfermünzen mit bildlichen Darstellungen geschlagen worden sind. Meist sind diese Bilder von beliebigen antiken oder byzantinischen Münzen entnommen. Auch sonst kommen zuweilen einzelne Bilder auf späteren Münzen vor: so auf denjenigen der kleinasiatischen Seldschuken Löwe und Sonne u. a. m.

Der wissenschaftliche Begründer der arabischen Numismatik ist der russische Orientalist Fraehn. Ein gutes Handbuch mit zahlreichen Abbildungen bildet der Katalog des Britischen Museums. Die grössten Sammlungen arabischer Münzen befinden sich in Berlin, Jena, London, Paris und St. Petersburg.

§ 21.

Beginn des Geldwesens bei den Germanen.

Die erste sichere Kunde über die Germanen verdanken wir den Römern, namentlich dem grossen Geschichtsschreiber Tacitus. Die Berichte desselben über unser Vaterland lauten bekanntlich in mancher Beziehung sehr ungünstig. Er schildert Germanien nicht nur als ein wildes und uncultivirtes, sondern auch als ein armes Land. Gleichwohl fehlte es dort von Anfang an nicht an werthvollen Landesproducten, unter welchen das Vieh und namentlich Pferde die erste Stelle einnahmen. Dann gab es Wild, verschiedene Arten von Getreide, Salz und edle wie unedle Metalle, welche, wie die Gräberfunde lehren, zu Geräthen, Waffen und Schmuckgegenständen verarbeitet wurden. Das berühmteste und im Alterthum am meisten geschätzte Product Germaniens war indessen der Bernstein.

Nachdem die Römer den Rhein besetzt hatten, entwickelte sich zwischen diesen und den Germanen bald ein lebhafter Tauschhandel, bei welchem letztere vorzugsweise Vieh, Pelze, Thierhäute, Schinken, Gänse, Gänsefedern, sowie ihr eigenes blondes Haar und Sklaven boten, während sie allerlei geringfügige Waare, namentlich Schmucksachen, von den Römern dafür empfingen. Im innern Verkehr waren das Vieh, in welchem der Hauptreichthum der Germanen bestand, sowie Waffen die Hauptwerthmesser, und es wurden daher zunächst die gerichtlichen Bussen, bald auch die Preise der Waaren nach Rindern, Pferden und Waffen bestimmt. Später vertraten Hals- und Armringe, Ketten, Haarnadeln und andere Schmuckgegenstände aus edlem und unedlem Metall die Stelle des Geldes. Namentlich wurden von den Königen und Häuptlingen an Barden, welche ihre Heldenthaten besungen hatten, sowie an andere Männer, welche sie belohnen wollten, goldene Armringe verschenkt. Im Handel bezahlte man Gegenstände von grösserem Werth mit ganzen Ringen, während man für den kleineren Verkehr die Ringe zerbrach oder zerhieb und die Stücke gleichsam als Scheidemünze verwandte. Thatsächlich werden auch solche absichtlich zertheilte Ringe, sowie andere zerbrochene Schmucksachen oft mit ganzen Stücken und selbst mit ausländischen Münzen zusammen gefunden.

Obgleich also die Germanen, wie bereits erwähnt und wie von Tacitus bestätigt wird, keine eigenen Münzen besassen, so lernten sie doch, als sie mit den Römern in Berührung kamen, den Gebrauch des Geldes bald kennen und liessen sich ihre Producte mit römischer Münze bezahlen. Nach dem genannten Geschichtsschreiber zogen sie dabei das Silber dem Golde vor, und unter den Silbermünzen waren es namentlich die republikanischen Denare mit gekerbtem Rande (*serrati*) — von den Deutschen „Sägen“ (*Saigae*) genannt — (II. 23), sowie die Denare mit dem Zweigespann (*bigati*), welche bei ihnen beliebt waren, da sie wohl bemerkt haben mochten, dass die gedachten Münzen von weit besserem Gehalt waren, als die späteren Kaiserdenare. Thatsächlich kommen auch bei den in Deutschland gemachten Funden unter Römermünzen, welche einer weit späteren Zeit angehören, zahlreiche Denare der vorgedachten Gattungen vor. Die meisten und umfangreichsten Funde römischer Münzen werden selbstverständlich in denjenigen Theilen Deutschlands gemacht, in welchen die Römer feste Niederlassungen gegründet hatten, also am Rhein, in dem ehemaligen Decumatlande, in Bayern und Oesterreich, doch kommen auch im Norden und Osten Deutschlands nicht wenig solcher Münzen vor und liefern den Beweis, mit welcher Kühnheit die römischen Händler bis in die fernsten und unbekanntesten Gegenden vordrangen. Namentlich führte, wie einst die Phönicier, so auch die Römer der Bernsteinhandel bis an die Küsten der Ostsee und es lässt sich an der Hand der Münzfunde sogar die Haupthandelsstrasse der römischen Kaufleute, welche durch Schlesien, die Provinz Posen und Hinterpommern führte, ziemlich genau verfolgen. Selbst im Innern Russlands werden römische Münzen gefunden, doch scheinen dieselben, da sie theilweise gerändert und gehenkelt sind, dort als Schmuck gedient und nicht als wirkliches Geld coursirt zu haben. Dagegen entwickelte sich in den heut preussischen und russischen Ostseeprovinzen ein äusserst lebhafter Völker- und Handelsverkehr, welcher, auch, nachdem die Römer vom Schauplatze abgetreten waren, noch lange fortdauerte, denn es werden in den gedachten Provinzen, wie hier gleich im Voraus bemerkt sein mag, nicht nur zahlreiche römische Münzen und selbst solche von altgriechischem Gepräge, sondern auch byzantinische, arabische, angelsächsische und andere Mittelaltermünzen in grosser Menge gefunden.

§ 22.

Die Regenbogenschüsselchen.

Wenn wir im vorigen Paragraphen erwähnten, dass die alten Germanen keine eigenen Münzen besassen, so scheint diese Behauptung nicht mit dem Umstande im Einklange zu stehen, dass in Süddeutschland, namentlich im südlichen Bayern, eine eigenthümliche Gattung

Münzen gefunden wird, welche zweifellos aus einer Zeit herrühren, in der die Römer in Germanien noch nicht festen Fuss gefasst hatten. Es sind dies die sogenannten Regenbogenschüsselchen (*guttae iridis*), kleine aber ziemlich dicke, meist aus mit Silber legirtem, seltener aus reinem Golde geschlagene Münzen, welche, da die eine Seite concav, die andere convex geprägt ist, eine schüsselförmige Gestalt haben. Sie verdanken daher ihren Namen dem letztgedachten Umstande, sowie der Sage, dass sie der Regenbogen aus seinem Schoss fallen lasse, oder dass ein solches Goldstück da zu finden sei, wo der Regenbogen seinen Fuss aufsetze. Die Entstehung dieser Sage wird darauf zurückzuführen sein, dass durch Regen verursachte Bodenabschwemmungen die ersten Regenbogenschüsselchen an's Tageslicht gebracht haben werden. Man hatte indessen über das Vorkommen und die Entstehung dieser Münzen, selbst in Gelehrtenkreisen, im sechzehnten und siebzehnten Jahrhundert die wunderbarsten Ansichten, und noch heut glaubt der süddeutsche Bauer, dass sie vom Himmel fallen und dem Finder Glück bringen. Auch jetzt noch bieten die fast immer schriftlosen und mit eigenthümlichen Bildern versehenen Regenbogenschüsselchen ein weites Feld der Forschung, doch nimmt Streber*) in seinem Werke über die gedachten Münzen an, dass sie nicht von germanischen, sondern von keltischen Volksstämmen herrühren, welche in vorrömischer Zeit an der obern Donau sesshaft waren und die gedachten Münzen aus dem Golde prägten, welches damals in den nördlichen Alpen und in den von demselben entspringenden Flüssen gefunden wurde. Die bei den Regenbogenschüsselchen am häufigsten vorkommenden, wahrscheinlich meist auf den Cultus der Kelten bezüglichen Typen sind die Schlange, der Vogelkopf und der Blätterkranz auf der vorderen

*) F. Streber, Ueber die sogenannten Regenbogenschüsselchen. München 1860 und 1862.

(convexen) Seite und drei bis sechs Punkte oder Kugeln unter einem dieselben umspannenden Bogen auf der Rückseite, ferner die Leier, der Stern, die Muschel u. s. w. (IV. 49). Die Kugeln deutet Streber nach den auf späteren Münzen der Gallier vorkommenden ähnlichen Zeichen sowie im Hinblick auf die Stammverwandtschaft der Gallier und Kelten als Darstellungen von Gestirnen, in welchen beide Völker ihre Gottheiten verehrten, den die Kugeln umgebenden Bogen aber im Gegensatz zu Andern, welche darin einen Hinweis auf das nicht nur bei den Germanen, sondern auch bei andern Völker ursprünglich im Gebrauch gewesene Ringgeld erblicken wollen, als die Darstellung des über den Sternen sich ausspannenden Himmelsgewölbes. In neuerer Zeit sind auch einige Regenbogenschüsselchen bekannt geworden, welche eine mit lateinischen Buchstaben geschriebene Aufschrift tragen, deren Bedeutung zwar bis jetzt nicht erklärt ist, die aber den Beweis liefert, dass sie aus einer Zeit herrühren, in welcher die Kelten bereits mit den Römern in Berührung gekommen waren. Die schüsselförmige Gestalt der in Rede stehenden Münzen wird von Vielen damit erklärt, dass man dem untern Stempel, um das Abspringen des Schrötlings beim Schlagen zu verhindern, eine concave und dementsprechend dem obern Stempel eine convexe Form gab.

§ 23.

Das fränkisch-merowingische Münzwesen.

Die verschiedenen deutschen Stämme traten bekanntlich im Laufe des dritten Jahrhunderts n. Chr. den Römern gegenüber in grössere Gemeinschaften zusammen und bildeten schliesslich vier grosse Völkergruppen, welche sich oft zu gemeinsamen Unternehmungen einigten und bestimmend in den Lauf der Geschichte eingriffen. Es waren dies im Osten und Südosten Deutschlands die Gothen, zu deren Bund auch die Heruler, Rugier, Vandalen, Gepiden u. s. w. gehörten, im Südwesten (vom Oberrhein bis zur Lahn) die Allemannen, deren ungestümer Kriegsmuth den Römern viel zu schaffen machte, im Norden die Sachsen, welchen sich die Chauken, Angeln und andere Küstenvölker anschlossen und am Niederrhein die Franken, zu welchen die Cherusker, Katten, Bructerer, Sigambrer u. s. w. gehörten. Von diesen Völkern waren für die Cultur am empfänglichsten die Gothen, bei welchen auch das Christenthum zuerst Eingang fand. Ihr Bischof Ulfilas übersetzte bekanntlich schon um 370 n. Chr. die heilige Schrift. Eigene Münzen prägten indessen, wie wir bereits oben gesehen haben, die Gothen erst, nachdem sie Italien erobert und sich römischer Provinzen bemächtigt hatten. Die Sachsen und Angeln setzten bekanntlich 449 n. Chr. unter Hengist und Horsa nach Britannien über. Sie fanden dort christlich-römische Cultur, verdrängten dieselbe aber und setzten die Barbarei des Heidenthums an ihre Stelle. Erst im sechsten und siebenten Jahrhundert, nachdem das Christenthum in England wieder Eingang gefunden hatte, entwickelte sich auch die Cultur unter den Angelsachsen und es rühren deshalb die ersten angelsächsischen Münzen aus dieser Zeit her. Im zehnten und elften Jahrhundert, namentlich unter Ethelred II. und Eduard dem Bekenner, ebenso unter der Herrschaft des Dänenkönigs Kanut des Grossen (1017—1035) fanden, wie bereits im § 21 angedeutet ist, die englischen Münzen die weiteste Verbreitung.

Die Allemannen besassen keine eigenen Münzen und mögen sich, da sie mit den Römern am meisten in Berührung kamen, unter den germanischen Stämmen vorzugsweise der römischen Münzen bedient haben.

Nach ihrer Unterwerfung unter die Franken (496) werden auch die Münzen der letzteren bei den Allemannen Eingang gefunden haben.

Die Franken kamen bereits im dritten Jahrhundert mit den Römern in nähere Berührung und waren bald Feinde, bald Bundesgenossen derselben. Allmählich drangen sie indessen von Belgien aus immer tiefer in Gallien ein und siedelten sich dort dauernd an. Im Jahre 486 besiegte Chlodwig, König der salischen Franken aus dem Geschlecht der Merowinger, den römischen Statthalter Syagrius in der Schlacht bei Soissons und vernichtete dadurch den letzten Rest der Römerherrschaft in Gallien. Dann verband sich Chlodwig mit den ripuarischen Franken, unterwarf die Allemannen, Burgunder und andere Völker und herrschte nun über ein mächtiges Reich, welches vom Meer bis zur Garonne reichte und östlich mit den Friesen, Sachsen und Thüringern grenzte. Den Römern gegenüber, welche in Gallien römische Sitten und Cultur verbreitet hatten, waren die Franken milde. Sie liessen nicht nur ihre Einrichtungen und Rechte, soweit es sich mit dem germanischen Wesen vertrug, bestehen, sondern nahmen selbst manche Gebräuche, namentlich höhere Cultur von den Römern an. Hierzu kam, dass die Frankenkönige ebenso wie die Fürsten anderer Völker im Anfang des Mittelalters noch gewohnt waren, ihre Blicke auf Constantinopel zu richten und die Oberhoheit des oströmischen Kaisers, wenn auch nur dem Namen nach, anzuerkennen. So nahm Chlodwig, um seinen Thron durch Anerkennung von Seiten des Kaisers auch mit dem Scheine der Gesetzmässigkeit zu umgeben und seinen neuen Unterthanen gegenüber als rechtmässiger Herrscher zu erscheinen, von Anastasius selbst die römische Consulwürde an. Diesen Verhältnissen, sowie dem Umstande, dass die Franken noch einen ausreichenden Vorrath römischer Münzen in Gallien vorgefunden haben mochten, dass ferner die letzteren seit Jahrhunderten die einzigen allgemein gangbaren Münzen waren, und dass endlich die Franken selbst sich im Grossverkehr des Barrengeldes bedienten, ist es zuzuschreiben, dass ihre Könige in Gallien anfänglich keine eigenen Münzen schlugen, wenigstens sind keine auf uns gekommen, welche Chlodwig oder seinen Söhnen mit Sicherheit zuzuweisen wären. Auch waren, als die folgenden Könige in den von ihnen in Gallien vorgefundenen römischen Münzstätten eigene Münzen zu prägen anfingen, letztere einfache Nachahmungen der Münzen des römischen Staates; namentlich versäumten sie nicht, das Brustbild der Kaiser auf ihre Münzen zu setzen, doch wird dies unter den inzwischen veränderten politischen Verhältnissen kaum mehr als ein Zeichen der Abhängigkeit von den Kaisern zu betrachten, sondern dadurch zu erklären sein, dass die römischen Münzen, namentlich solche von Gold, die allgemein gangbaren waren, und dass man, um den eigenen Münzen Eingang zu verschaffen, genöthigt war, die römischen Typen zunächst beizubehalten. Später ging man einen Schritt weiter, indem die fränkischen Könige den gewohnten Typen ihr Monogramm hinzufügten; dann setzten sie statt des kaiserlichen ihren eigenen Namen auf die Münzen und schliesslich erscheinen auf denselben überwiegend blos die Namen der Münzmeister und Münzstätten sowie neue eigenthümliche Typen, welche in nichts mehr an die römischen Vorbilder erinnern und namentlich immer roher und kunstloser werden. Man bezeichnet die Münzen der fränkischen Könige aus dem Geschlechte der Merowinger im Allgemeinen mit dem Namen Merowingermünzen.

Ebenso wie die Münzprägung wurzelte auch das ganze Münzsystem (Währung und Münzfuss) der Merowinger auf der römischen Münzverfassung, doch kam es, da bei den fortwährenden inneren Unruhen und Kämpfen mit den Nachbarvölkern das gesammte Staatswesen unter der Dynastie der Merowinger noch nicht in feste Bahnen gelangte, auch rücksichtlich des Münzwesens zu keiner festen und einheitlichen Regelung desselben. Letztere blieb, wie wir später sehen werden, erst den Karolingern vorbehalten.

Das von den Merowingern in Gallien vorgefundene Münzsystem beruhte auf der Goldwährung, deren Einheit der Constantinische Solidus = $^1/_{72}$ des Goldpfundes war. Letzterer wurde indessen im fünften Jahrhundert nicht mehr zu 24 Siliquen oder 48 Halbsiliquen (vergleiche § 14) gerechnet, sondern in 40 Untereinheiten getheilt, welche Denare genannt wurden, mit den Denaren der römischen Republik und der früheren Kaiserzeit aber keineswegs identisch sind. Die Merowinger schlugen nun, dem römischen Münzsystem folgend, hauptsächlich Drittelsoliden, *trientes* oder *tremisses* genannt, während der Solidus eigentlich nur Rechnungsmünze blieb. Da nun das Drittel der Solidus, der Triens in Denaren, deren 40 auf den Solidus gingen, nicht dargestellt werden konnte, so wurde der merowingische Triens zu 12 Denaren gerechnet. Thatsächlich wurden indessen, wie die Münzfunde lehren, von den Merowingern erst in der letzten Zeit ihrer Herrschaft Silbermünzen geprägt. Der Grund dieser geringen Ausprägung von Scheidemünzen wird darin zu finden sein, dass, wie bereits oben erwähnt ist, noch ausreichend Denare älterer Art sich im Umlauf befanden. Letztere standen aber zu den neuen römischen Denaren im Verhältniss von 1 : 3 und es erklärt sich hieraus, dass in alten Urkunden der Solidus und der Triens der Merowinger auch oft zu 12 beziehentlich 4 Denaren gerechnet wird. Von Andern wird zur Erklärung dieser doppelten Zählweise neben dem Goldsolidus zu 40 Denaren das Vorhandensein eines Silbersolidus, wenn auch nur als Rechnungsmünze vorausgesetzt, doch ist diese Annahme nicht genügend gerechtfertigt. Im Uebrigen wurden die Trienten der

Merowinger später leichter und geringhaltiger geprägt als die römischen Goldmünzen. Auch findet sich auf den erstgedachten Münzen oft die Ziffer VII. Es ergiebt sich hieraus, dass von den Merowingern später ein neuer Münzfuss eingeführt wurde und die vorgedachte Ziffer auf letzteren zu beziehen ist. Grote*) führt den Grund dieser Erscheinung auf den Umstand zurück, dass sich die Nothwendigkeit ergeben hatte, die noch umlaufenden alten Denare, deren, wie oben angegeben, 12 statt $13^1/_3$ auf den Triens gerechnet wurden, zu letzterem wieder in das richtige Werthverhältniss zu bringen und dass man deshalb eine neue leichtere Goldmünze von 7 Seliquen Schwere geschlagen habe. Eine Seliqua**) war nämlich = $^1/_{1728}$ Pfund; es gingen also, während früher 72 Solidi oder 216 Trienten zu 8 Seliquen auf das Pfund ausgebracht wurden, jetzt $246^6/_7$ Trienten auf dasselbe.

§ 24.

Das Münzwesen der Karolinger.

Die Merowinger widmeten dem Münzwesen nicht diejenige Sorgfalt, welche erforderlich war, um es zu einer gedeihlichen Entwickelung zu bringen. Es erklärt sich dies nicht nur aus den noch wenig consolidirten politischen Zuständen und den fortwährenden blutigen Kriegen und inneren Unruhen unter ihrer Herrschaft, sondern auch aus dem Umstande, dass sie den Nutzen eines geordneten Münzwesens wohl nicht genügend zu würdigen verstanden. So legten sie namentlich, wenn auch die Aufsicht über das Münzwesen als ein Hoheitsrecht von ihnen nicht gerade aufgegeben wurde, doch

*) H. Grote, Münzstudien, zweiter Band, Seite 811—814.

**) Unter Seliqua ist hier die römische Gewichtsbezeichnung zu verstehen.

der Ausübung dieses Rechts nicht den erforderlichen Werth bei, denn nicht allein, dass die äusseren Hoheitszeichen: Bild und Name des Königs, auf den Münzen allmählich verschwanden und durch den Namen des Münzmeisters und des Prägeortes ersetzt wurden, wissen wir auch, dass die Zahl der Prägestätten unter den Merowingern sich schliesslich bis in die Hunderte vermehrte und dass in denselben das Münzrecht von weltlichen und geistlichen Herren, Gemeinden und Privatpersonen, sei es im Auftrage und mit Genehmigung des Königs, sei es ohne dieselbe und für eigene Rechnung der Betheiligten, ausgeübt wurde. Die dadurch entstehenden Wirren griffen, je mehr die Herrschaft der Merowinger sich ihrem Ende näherte, desto weiter um sich. Unter der kraftvollen Regierung Pipins, seit 752 König der Franken, welcher statt der Gold- die Silberwährung einführte, die Münzstätten auf eine geringe Zahl beschränkte und die Münzfälscher mit der üblichen Strafe des Handabhauens bedrohte, änderten sich diese Verhältnisse. Eine gründliche und nachhaltige Besserung derselben trat indessen erst unter Karl dem Grossen (768—814) ein.

Die Geschichte lehrt uns, dass, sobald einem Volke ein Gesetzgeber erstand, derselbe auch stets die Wichtigkeit eines geordneten Münzwesens erkannte und letzterem seine Aufmerksamkeit widmete. So wurde in Athen durch Solon das Münzwesen geregelt, in Rom von Servius Tullius das Barrengeld eingeführt und unter den Decemvirn mit der Herstellung eigentlichen Geldes begonnen. Karl der Grosse, welcher, nachdem er seine Herrschaft vom Ebro bis zur Elbe und von den Küsten der Nordsee bis zu den Apenninen ausgedehnt hatte, mit gewaltiger Energie die Centralisirung seiner Macht durchzusetzen wusste und durch weise Gesetze die gesammte Staatsverfassung ordnete, griff auch mit starker Hand in das Münzwesen ein. Er bestrafte die Münzfälscher streng, unterdrückte die nicht zu Recht bestehenden Münzstätten, verschaffte der eigenen, gesetzlichen Münze überall Geltung, nahm die Ausübung des Münzrechts, soweit er es nicht — was übrigens zweifelhaft ist — geistlichen oder weltlichen Grossen ausdrücklich verlieh, für sich allein in Anspruch und übertrug die Beaufsichtigung der königlichen Münzstätten den Gaugrafen, welche wieder von seinen Sendboten, den *missi regii*, controlirt wurden. Namentlich hatte Karl, in richtiger Erkenntniss, dass Unsicherheit im Münzwesen einen höchst ungünstigen Einfluss auf die socialen und politischen Zustände ausübt, sein Streben unausgesetzt darauf gerichtet, dass in seinem Reiche nur guthaltige und vollwichtige Münze im Umlauf war. Auch die Nachfolger Karls verwalteten das Münzwesen im Sinne desselben, wurden indessen, wie noch vorhandene Urkunden beweisen, wiederholt zu scharfen Massnahmen gezwungen, um unberechtigten Eingriffen in das Münzregal zu steuern.

Die wichtigste Regierungshandlung Karls des Grossen auf dem Gebiete des Münzwesens war die Einführung eines einheitlichen, allgemein gültigen Münzsystems. Dasselbe beruhte auf der Silberwährung, der Münzfuss auf dem von Karl ebenfalls neu eingeführten Gewichtssystem. Letzteres ging aus dem bei den Franken üblichen römischen Pfunde von 327,45 Gramm hervor und wurde ebenso wie dieses in 12 Unzen eingetheilt, doch wog das karolingische etwas mehr als das römische Pfund, nämlich 367,2 Gramm. Die Münzeinheit bildete also das Pfund reinen, oder wenigstens so reinen Silbers, wie man es bei dem damaligen Stande der Scheidekunst zu liefern vermochte und war, ebenso wie es bei der Einführung des ältesten römischen Kupfergeldes der Fall gewesen ist, identisch mit der Einheit und Eintheilung des Gewichts, denn man rechnete, wie noch lange nachher, nach Pfunden (später auch

Talente genannt) und Unzen. Aus dem Pfunde wurden 240 Denare geschlagen, welche also ein Normalgewicht von 1,53 Gramm hatten. Eine Zwischenstufe bildete der Solidus oder Schilling zu 12 Denaren, doch war derselbe nur Rechnungsmünze. Gold, welches zum Silber im Verhältniss von 1 : 12 oder etwas darüber stand, wurde von Karl dem Grossen und seinen Nachfolgern nicht mehr vermünzt, denn die wenigen auf uns gekommenen Goldstücke der Karolinger haben mehr den Charakter von Schaustücken als eigentlichen Geldes. Die Denare und deren Hälften, von den Schriftstellern Obole genannt, blieben hiernach lange Zeit die einzigen deutschen Münzen. Auch wurde die Bezeichnung „Denar" noch lange Zeit beibehalten, daneben aber die später auf jedes Geldstück ausgedehnte Bezeichnung „Pfennig"*) für denselben gebräuchlich.

Im Uebrigen wurde, wie hier gleich vorgreifend bemerkt sein mag, seit dem zwölften Jahrhundert statt des Pfundes ein anderes Münzgewicht, und zwar speciell, in Deutschland, gebräuchlich. Es war dies die Mark so genannt von dem Zeichen, der Marke, welche man den Barren oder den Gewichtsstücken aufdrückte, um einer Verringerung derselben vorzubeugen. Die Mark

*) Der Name Pfennig wird mit der meisten Wahrscheinlichkeit von dem keltischen Worte *Pen*, Kopf, abgeleitet, indem die Gallier den bei ihnen noch umlaufenden und beliebten römischen Denar nach dem auf demselben dargestellten Kopfe der Roma oder auch des Kaisers in der Volkssprache Kopfstück: *pennek* (plur. *pennein* oder *penneged*) nannten und die Deutschen diesen Ausdruck adoptirten. „Schilling", obgleich mit dem lateinischen *solidus* gleichbedeutend, ist keineswegs eine Corrumpirung des letzteren, sondern ein echt deutsches Wort, welches in den lateinisch geschriebenen deutschen Gesetzen und Urkunden nur mit *solidus* übersetzt wurde. Von den meisten Etymologen wird Schilling von *skiltr*, „der Klang", *skillingr*, „der Klingende", und damit im Zusammenhange von *scëllan*, schallen, Schelle u. s. w. abgeleitet. Es bedeutet also ein tönendes Metall. Grote (Münzstudien II, 850 ff.) führt die Entstehung des Wortes auf *skillan*, ich habe getödtet oder verwundet, daher dann: ich bin buss-

hätte 8 Unzen oder 16 Loth, war also ursprünglich 2/3 des karolingischen Pfundes und diente ebenso wie letzteres lange Zeit auch als Rechnungsmünze. Das Pfund wurde später auf 16 Unzen oder 32 Loth gebracht und die Mark entsprach daher nunmehr der Hälfte desselben. Sie ist als kölnische Mark im Gewichte von 233.8 Gramm bis vor Kurzem das in Deutschland gangbarste Münzgewicht geblieben. Ueber den Unterschied zwischen Zähl- und Gewichtspfund, beziehentlich Zähl- und Gewichtsmark s. § 27.

Die ältesten Münzen Karls des Grossen sind von ähnlichem Typus wie die seines Vaters Pipin und tragen auf der Vorderseite den königlichen Namen in zwei Zeilen, auf der Rückseite den Namen der Prägestätte (IV. 50) oder auch blos die Buchstaben R F *(rex Francorum)*. Die Münzen der spätern Zeit führen auf der Vorderseite meist das Kreuz, welches seitdem für lange Zeit ein fast unerlässliches Bild der Mittelaltermünzen wurde, und die Umschrift CARLVS REX FR*(ancorum)*. Manche Münzen von Karl dem Grossen tragen auch den Titel *imperator* und sind daher jüngeren Ursprungs, als die mit der Bezeichnung *rex*. Auf der Rückseite befindet sich gewöhnlich das kreuzförmige Monogramm Karls und der Name der Prägestätte. Daneben giebt es auch viele Varietäten und Abweichungen von den

---

pflichtig geworden, schulde u. s. w. zurück und nimmt als naheliegend an, dass, da der einfache Strafsatz, wonach die verschiedenen Grade der Busse in den Volksrechten berechnet wurden, der Solidus war, nach jener Bedeutung von *skillan* in dem Worte „Schilling" die Bedeutung von „Strafsimplum" zu sehen sei. Eine andere Berücksichtigung verdienende Ableitung ist die von *skilan*, dem angelsächsischen *skylan*, theilen, trennen, wonach also „Schilling" ein Stück ungemünztes Metall, insofern es Theil eines grossen Gewichtsquantums ist bedeuten würde, ebenso wie Rubl das von einem Silberbarren „abgehauene" Stück bezeichnet. Sprachlich begegnen uns die Schillinge, schon in gothischen und angelsächsischen Urkunden des sechsten Jahrhunderts unter der Bezeichnung *skilligans* und *scilling*.

oben beschriebenen Typen. doch kommt das Bildniss Karls des Grossen auf seinen Münzen äusserst selten vor. Wir finden dasselbe nur auf einigen wenigen Münzen der späteren Zeit und zwar stellt es ihn, in Uebereinstimmung mit den wenigen von ihm erhaltenen Sculpturen, nicht, wie man sich den Kaiser gewöhnlich vorstellt, mit Vollbart, sondern blos mit einem Schnurrbart bekleidet dar. Die gedachten Münzen sind sorgfältig gearbeitet und nicht ohne künstlerischen Werth. Auch die übrigen Münzen Karls sind weit dünner und besser, namentlich ebenmässiger geprägt, als die Münzen der Merowinger. Nach den uns bekannten Münzen Karls gab es Prägestätten in Bonn, Trier, Strassburg, Mainz, Mastricht, Duerstede, Tours, Mons und anderen Orten; für Italien in Lucca, Mailand, Pavia und Treviso. Von dem Nachfolger Karls des Grossen, Ludwig dem Frommen (814—840) sind Münzen mit seinem Brustbilde, dem Kreuz und verschiedenen, auf die Prägestätten bezüglichen Typen vorhanden. Auch kommt auf den Münzen desselben sehr häufig das Bild eines Tempels vor. Am gewöhnlichsten sind die Denare Ludwigs, welche auf der Vorderseite das Kreuz und die Umschrift HLVDOVVICVS IMP*(erator)*, auf der Rückseite ein säulengeschmücktes Kirchengebäude mit der Umschrift XPISTIANA RELIGIO tragen, wobei XP in dem Worte Christiana als das griechische X und P zu lesen sind, welche Buchstaben das alte Monogramm Christi bildeten (IV. 51). Die Münzen Karls des Kahlen (840—877) sind von den spätern Münzen Karls des Grossen oft schwer zu unterscheiden, da sie zum grössten Theil das Monogramm des letzteren führen, doch können ihm diejenigen Münzen, auf welchen sich daneben noch neuere Typen vorfinden, mit Sicherheit beigelegt werden. Von den übrigen Karolingern besitzen wir nur verhältnissmässig wenig Münzen.

§ 25.
Das deutsche Münzwesen unter den sächsischen und fränkischen Kaisern.

Eine Deutschland eigenthümliche Institution des Mittelalters, welche auf das gesammte Münzwesen, insbesondere auf die Gestaltung des Münzrechts einen bedeutenden Einfluss ausübte, war das Lehnswesen. Unter den Königen beziehentlich Kaisern standen, gewissermassen als oberste Beamte derselben, die Herzöge, Markgrafen und Grafen, welche ihre Würden und die damit verbundenen Lehen anfänglich nur auf Widerruf oder auf Lebenszeit erhielten. Da die kaiserlichen Münzstätten im Laufe der Zeit dem Bedarf nicht mehr zu genügen vermochten oder zu entfernt waren, so übten diese Vasallen, ebenso wie andere Hoheitsrechte auch das Münzrecht kraft der ihnen übertragenen Amtsgewalt aus. Als unter den fränkischen Kaisern die Lehne erblich wurden, änderte sich zwar dieses Verhältniss zu Gunsten der betreffenden Inhaber, doch gaben die Kaiser die Oberhoheit über das Münzwesen noch lange Zeit hindurch keineswegs auf, wie zum Beispiel daraus hervorgeht, dass noch im vierzehnten Jahrhundert das Recht, Goldmünzen zu prägen, den Kurfürsten durch die goldene Bulle vom Kaiser ausdrücklich verliehen wurde.

Ausser von den weltlichen Fürsten und Herren wurde auch von Bischöfen und Aebten schon frühzeitig das Münzrecht ausgeübt. Aus politischen Gründen, insbesondere um bei der immer mehr aufstrebenden Macht der weltlichen Grossen sich auf die geistlichen Würdenträger stützen zu können, wurde letzteren von den Kaisern vielfach umfangreicher Landbesitz und unter anderen wichtigen Privilegien auch das Münzrecht verliehen, oder es wurde ihnen, wo sie dasselbe, wie in den früher von den Römern besetzt gewesenen Theilen des südlichen

Deutschlands, vielleicht schon von Alters her besassen, von den Kaisern ausdrücklich bestätigt. Mit dem Münzrecht zusammen wurde meist auch das Markt- und das Zollrecht verliehen, wenigstens finden wir in den betreffenden Urkunden des Mittelalters die Worte *mercatus, teloneum et moneta* stets zusammen aufgeführt. Es erklärt sich dies daraus, das das Münzrecht als ein Ausfluss und Zubehör des Marktrechts betrachtet wurde, da man an Orten, wo zur Hebung des Handels und Verkehrs ein Markt eingerichtet wurde, auch der erforderlichen Münze bedurfte und deshalb genöthigt war, eigens zu diesem Zweck eine Prägestätte einzurichten. Ferner war mit den Münzstätten damaliger Zeit häufig eine Art Wechselbank verbunden, indem der Münzmeister nicht nur für Rechnung seines Herrn prägte, sondern auch von dem Privatmann und von den Kaufleuten Rohsilber oder fremdes Geld annahm und dasselbe ausmünzte oder unter Anrechnung der Prägekosten und des Schlagschatzes gleich gegen vorräthige courshabende Münzen umwechselte. Es wird daher unter *moneta* vielfach nicht blos das Münz-, sondern auch das Wechselrecht verstanden..

Die Kaiser selbst, welche zu damaliger Zeit noch keine festen Residenzen hatten, sondern ihren Aufenthalt fortwährend wechselten, übten, wie die zahlreichen Namen von Münzstätten auf den von ihnen geschlagenen Denaren beweisen, das Münzrecht aus, wo sie sich gerade befanden. Es erscheint diese Behauptung im ersten Augenblicke gewagt, zumal wenn man bedenkt, dass der Aufenthalt der Kaiser in manchen Orten oft nur nach Wochen und Tagen zählte. Zieht man indessen in Betracht, dass die kunstlosen Stempel, deren man bedurfte, sehr schnell hergestellt werden konnten, dass die ganze damalige Prägeweise eine äusserst einfache war und das erforderliche Metall von den Steuererhebern geliefert wurde, so lässt sich diese Behauptung eher begreifen. Auch in Orten, wo sie das Münzrecht bereits vergeben hatten, scheinen die Kaiser sich das Recht vorbehalten zu haben, nach Bedarf ihre eigenen Münzen fortzuprägen, wenigstens besitzen wir von vielen Prägestätten kaiserliche und bischöfliche Münzen, welche ein und derselben Zeit angehören. Die Städte, beziehentlich Stadtgemeinden waren unter den sächsischen und fränkischen Kaisern wenig entwickelt und noch nicht im Besitz des Münzrechts.

Das karolingische Münzsystem wurde unter den sächsischen und fränkischen Kaisern unverändert beibehalten.*) Man leistete also Grosszahlungen nach dem Gewicht der Metalle und bediente sich im Kleinverkehr der Denare (in geringerem Umfange auch der Obole), welche hiernach die einzigen Münzen der Periode bildeten, von welcher wir jetzt handeln. Die Denare wurden anfänglich in bisheriger Weise fortgeprägt, sollten also ein Normalgewicht von 1,53 Gramm haben. Thatsächlich ist indessen, und zwar ohne dass eine offizielle Herabsetzung des Münzfusses stattfand, ein allmähliches Sinken des Gewichts zu bemerken. Ebenso sollten die Denare stets von feinem Gehalt sein, doch war dies, zumal man noch nicht genügende Kenntnisse in der Scheidekunst besass, nur selten der Fall. Auch die Grösse und Dicke der Denare war sehr verschieden.**)

Was das Gepräge anlangt, so schloss sich dasselbe in der ersten Zeit dem der voraufgegangenen karolin-

---

*) Das karolingische Münzsystem wurde auch von den Engländern angenommen und hat sich bei denselben bis auf den heutigen Tag erhalten: 1 Pfund Sterling = 20 Schillinge = 240 Pence. Wegen Ableitung der Benennung S t e r l i n g s. § 27.

**) Besonders klein waren die in Westphalen und den benachbarten Landstrichen geprägten Denare. Die bei denselben zur Anwendung gekommenen Stempel waren überdies in der Regel für die Schrötlinge zu gross, so dass die Randschrift nicht vollständig auf

gischen Periode an. Das Monogramm des königlichen Namens verschwand indessen sehr bald von den Münzen, während das Kirchengebäude Ludwigs des Frommen, jedoch in veränderter, einfacherer Form, sehr oft wiederkehrt. Am häufigsten begegnen wir auf den Münzen der in Rede stehenden Periode dem Kreuz, welches meist frei im Felde schwebend und gleichschenkelig dargestellt ist (IV. 52). Zwischen den Schenkeln des Kreuzes befinden sich häufig Punkte oder Ringel, ferner kleine Kreuzchen, Lilien, Sterne und sonstige Verzierungen. Manchmal sind auch die Winkel des Kreuzes mit auf die Prägestätte bezüglichen Zeichen oder, wie namentlich bei den Denaren der Ottonen, mit den Buchstaben des kaiserlichen Namens oder des Namens der Münzstätte oder eines zu dem Kreuz in Beziehung stehenden Wortes als CRVX PAX u. s. w. ausgefüllt. Die Köpfe oder Brustbilder von Münzherren und von Schutzheiligen erscheinen anfänglich nur sehr selten auf den Münzen, seit Heinrich II. (1002—1024) indessen häufiger. Die Bildnisse sind bald von vorn, bald im Profil dargestellt, haben aber, wie auch auf späteren Münzen des Mittelalters, mit vielleicht einigen wenigen Ausnahmen, nicht den geringsten Anspruch auf Portraitähnlichkeit (IV. 53). Dies zeigt sich namentlich auf den Münzen des Kaisers Friedrich I., auf welchen derselbe trotz des Bartes, welchem er den Beinamen Barbarossa verdankt, meist bartlos oder höchstens mit einem Schnurrbart versehen dargestellt ist. Im Uebrigen erscheinen die Kaiser gewöhnlich gekrönt, oft auch mit Scepter, Reichsapfel und andern Attributen ihrer Herrschaft ausgestattet, während die Geistlichen anfangs mit

---

den Münzen erscheint. Dies trifft namentlich bei den späteren Denaren, den sogenannten W e v e l i n g h ö f e r n zu, welche Benennung von einem der westfälischen Münzherrn, dem Bischof von Münster Florenz von Wevelinghoven 1364—1379 abzuleiten sein dürftn. Erklärung des Wortes Schrötling siehe nächste Anmerkung.

blossem Haupt, später mit der Mitra dargestellt sind und in der Regel den Krumm- oder Kreuzstab, oft auch das Evangelienbuch in der Hand halten. Bildnisse der weltlichen Fürsten sind zu der in Rede stehenden Zeit noch wenig zahlreich, dagegen wird der Gebrauch, die Bildnisse der Schutzheiligen auf die Münzen zu setzen, immer häufiger. Ausser den erwähnten begegnen wir, abgesehen von den eine untergeordnete Rolle spielenden Beizeichen, nur selten andern bildlichen Darstellungen. Das Kreuz in seinen mannigfachen Formen, das Kirchengebäude und die Bildnisse der Münzherren und Schutzheiligen bilden also im Allgemeinen den charakteristischen Typus auf den Münzen der sächsischen und fränkischen Kaiserzeit.

Die Inschriften der Münzen bestehen aus lateinischen Buchstaben, untermischt mit einzelnen, von der gewöhnlichen Antiqua abweichenden Zeichen; namentlich kommen ⲁ und Є statt A beziehentlich E häufig vor. Auf der einen Seite ist gewöhnlich der Münzherr und, wenn derselbe ein weltlicher oder geistlicher Fürst ist, oft auch der Kaiser, auf der andern die Prägestätte genannt; doch ist letztere häufig auch nur durch den Namen des betreffenden Schutzheiligen angedeutet. Dem Namen des Kaisers sind in der Regel der Titel *rex* oder *imperator* (abgekürzt IMP oder IMPER), manchmal auch die Worte DI GRA oder GRA DI (*Dei gratia*) beigesetzt. Man kann daher aus dem Titel bisweilen auf das Alter der Münzen schliessen, da der deutsche König bekanntermassen erst nach der Krönung in Rom den Kaisertitel führte. Die Namen der Münzherren sind durchgängig latinisirt; auffallend ist die bei den Otto-Münzen häufig vorkommende Schreibweise des Namens ODDO statt OTTO, welche aus der Lage der Prägestätte beziehentlich dem dort herrschenden Sprachgebrauch hergeleitet werden kann. Es ist daher anzunehmen, dass diejenigen Münzen, welche den Namen ODDO führen, vorzugsweise aus westphälischen und sächsischen Prägestätten hervorgegangen sind. Die Aufschriften umgeben in den meisten Fällen auf beiden Seiten das Münzbild und sind von letzterem in der Regel durch einen glatten oder Perlenkreis getrennt. Oft ist aber auch der Name der Münzstätte mitten in das Feld gesetzt, wie dies besonders bei den zahlreichen in Cöln geprägten Denaren der Fall ist, auf welchen das Feld der Rückseite dergestalt ausgefüllt ist, dass das durchstrichene S (für *Sancta*) über und dass Schluss-A unter dem Haupttheil des Namens COLONI steht — ein Gebrauch, der an andern Orten vielfach nachgeahmt wurde (IV. 52). Die Beisetzung des *Sancta* beruht auf der bekannten Sitte vieler Städte, sich ehrende Epitheta beizulegen. Sonst werden die Städte auf den Münzen bald mit ihrem blossen Namen genannt, bald ist *civitas* oder auch *urbs* hinzugefügt.

Im Uebrigen sind die deutschen Denare des zehnten und elften Jahrhunderts mit geringen Ausnahmen von rohem und kunstlosem Stempelschnitt und sehr mangelhafter Prägung. Es erklärt sich dies aus der Ungeschicklichkeit der Stempelschneider, dem Mangel an Geschmack, der Unvollkommenheit der Prägweise und wohl auch aus der grossen Eile und Sorglosigkeit, mit der die Münzprägung oft erfolgte. Besondere Schwierigkeiten mochten dabei die Schrötlinge verursachen, welche man aus den Zainen meist durch Abschneiden mit der Scheere oder durch Abkneifen und Ausreissen mit der Zange herstellte.*) Die Form der Münzen ist daher, wenn man auch die Schrötlinge nachträglich noch mit dem Hammer oder anderen Werkzeugen bearbeitete, oft eine

*) Schrötling nennt man das Metallplättchen, welches die der Münze zu gebende Form und Grösse hat und auf welches die Stempel beim Prägen aufgesetzt werden. Zaine sind Metallstreifen von der Stärke der herzustellenden Münzen, aus welchen die Schrötlinge geschnitten werden.

sehr unregelmässige, in einzelnen Fällen fast eine viereckige. Auch die Münzen der übrigen europäischen Länder des zehnten und elften Jahrhunderts, mit Ausnahme vielleicht der Münzen der Araber in Spanien und der Byzantiner, sind wenig oder gar nicht besser, als die gleichzeitigen deutschen Münzen. Von Letzteren giebt es trotz der Einfachheit der Typen eine grosse Menge Verschiedenheiten, denn abgesehen davon, dass die in Rede stehende Periode einen etwa zweihundertjährigen, also ziemlich langen Zeitraum umfasst, dass ferner die Zahl der Münzherren und der Prägestätten eine sehr erhebliche war, dass der Bedarf an Stempeln, deren Vervielfältigung auf mechanischem Wege erst eine Erfindung der Neuzeit ist, ausserordentlich gross gewesen sein muss und dass daher ein Stempel nie genau wie der andere ausfallen konnte, legte man auch staatlicherseits dem Münzgepräge im Mittelalter noch keinen Werth bei, sondern überliess die Feststellung der Typen der Willkür der Stempelschneider. Letztere liessen nun bei der Arbeit bald ihre eigene Phantasie walten, bald ahmten sie die Typen älterer landesherrlicher Münzen nach. Diese Nachahmungen wurden aber in der Regel immer schlechter, als die Originale, namentlich wurden die Aufschriften von unwissenden und der Schrift unkundigen Stempelschneidern gedankenlos nachgebildet und oft so fehlerhaft geschnitten, dass sie kaum zu entziffern sind. Auf diese Weise ist es auch zu erklären, dass auf manchen Münzen die Aufschrift rückläufig, das ist von rechts nach links zu lesen, dargestellt ist, dass, wenn man mangelhaft geprägte oder durch den Gebrauch abgeschliffene oder bereits fehlerhaft nachgeahmte Münzen wieder zum Muster nahm, neue Fehler hinzukamen und dass schliesslich bisweilen nur eine aus buchstabenähnlichen Zeichen bestehende und mit Strichen und Ringeln untermisehte, ganz sinnlose Aufschrift (Pseudolegende) entstand. Dannenberg sagt von den in Rede stehenden Münzen, welche man Nachmünzen nennt:*) „Man brauchte in jener Zeit, ja selbst bis zur Erfindung des Absenkens der Münzstempel eine sehr grosse Anzahl Stempel, und da wird denn mancher ungeschickte Arbeiter mit herangezogen worden sein, ganz abgesehen davon, dass Lesen und Schreiben ein Vorrecht Weniger war, in einer Zeit, wo viele Herrscher je besser sie das Schwert zu handhaben wussten, desto schlechter mit der Feder umzugehen verstanden, wo die Kaiser statt ihres Namens mit ihrem Monogramm unterzeichneten, wo selbst ein Karl der Grosse diese damals seltene Kunst sich erst im Mannesalter aus eigenem Bildungsdrange aneignete und einer der gefeiertsten Dichter (Wolfram von Eschenbach) sich als Analphabet bekannte. Man muss, wenn man sich dies Alles vergegenwärtigt, in der That, wie Grote mit Recht sagt, staunen, dass wir noch so viele correcte Münzen aus dieser früheren Zeit besitzen.“ Das grosse Publikum legte auf eine lesbare Aufschrift natürlich am wenigsten Werth, da es der Schrift ganz unkundig war und die Münzen nur nach dem denselben aufgeprägten Bilde unterschied.

Wohl zu unterscheiden von den Nachmünzen sind solche Münzen, welche von den Stempelschneidern nach fremden Mustern, sei es wegen Mangels eigener Erfindungsgabe, sei es weil die betreffenden fremden Münzen sich besonderer Beliebtheit beim Publikum erfreuten, hergestellt wurden. Namentlich häufig sind solche Nachahmungen des Cölner und später des Goslarischen Typus, und in Remagen, Corvei, Fritzlar, Minden und Paderborn brachte man sogar eine Zeit lang das dreizeilige SANCTA COLONIA wörtlich auf die dort geprägten Denare (IV. 52).

*) Die deutschen Münzen der sächsischen und fränkischen Kaiserzeit, Seite 33.

Die in den Funden am häufigsten vorkommenden Münzen der sächsischen Kaiserzeit sind die sogenannten Adelheidsdenare. Dieselben führen auf der Hauptseite ein Kreuz sowie den Namen und Titel des Königs Otto, auf der Rückseite das Kirchengebäude mit der Umschrift ATEAHLHT oder ähnlich und sind nach dem Ergebniss neuerer Forschungen Otto III. und seiner Grossmutter, der berühmten Adelheid, Wittwe Otto's I., welche in der Zeit von 991—995 Vormünderin ihres Enkels war, beizulegen (IV. 54). Dass der Name Adelheid auf den in Rede stehenden Münzen meist so entstellt vorkommt, darf uns nach dem oben Gesagten um so weniger wundern, als er auch in den Urkunden auf die verschiedenste Weise geschrieben wird, zum Beispiel Athelheidis, Adeleida, Adelas, Adelgid, Ethelgeid u. s. w. Auch giebt es Münzen, auf welchen dieser Name ATALHEID und AHTALHET oder ATHALHET geschrieben, also nicht zweifelhaft ist. Da auf den Adelheidsdenaren der Name der Prägestätte nicht angegeben ist, so ist ihre Heimath nicht mit Sicherheit zu bestimmen, doch sind sie jedenfalls in Sachsen und zwar muthmasslich zum Theil in Magdeburg geschlagen.

Eine eigenthümliche Gattung von Münzen der in Rede stehenden Periode sind die sogenannten Wendenpfennige. Das Charakteristische an denselben ist der hohe Rand, mit welchem sie auf beiden Seiten versehen sind und die Pseudolegende, welche aus Strichen und Ringeln, bisweilen auch untermischt mit wenigen Buchstaben und buchstabenähnlichen Zeichen, besteht. Ihren Namen haben diese Münzen mit Unrecht, denn obwohl sie in den von den Wenden früher eingenommenen Landstrichen häufig gefunden werden, sind sie doch, wie Dannenberg annimmt,*) nicht in letzteren, sondern

*) Die deutschen Münzen der sächsischen und fränkischen Kaiserzeit, Seite 488 f.

jedenfalls an der wendischen Grenze, zum Theil vielleicht in Magdeburg und Naumburg zur Zeit Otto's I. und Otto's II. für den Verkehr mit den slavischen Völkern geschlagen worden. Die ältesten Wendenpfennige sind ziemlich gross und tragen den karolingischen Tempel (IV. 58), zum Theil auch die erkennbare Aufschrift ODDO oder OTTO; dann folgen kleinere mit Nachahmungen anderer Typen (IV. 59). Die Prägung der Wendenpfennige beginnt nach Dannenberg etwa 970 und endigt zwischen 1060 und 1070.

Schliesslich seien hier noch die sogenannten Kreuzfahrermünzen und die Münzen der geistlichen Ritterorden (Ordensmünzen) erwähnt. Bekanntlich wurden von den Kreuzfahrern nach der Eroberung des heiligen Landes im Jahre 1099 mehrere Reiche: das Königreich Jerusalem, die Grafschaften Tripolis und Edessa, das Fürstenthum Antiochia, sowie später das Königreich Cypern gegründet. In allen diesen Reichen, welche allerdings zum Theil nur geringen Bestand hatten, prägten die betreffenden Fürsten Münzen verschiedener Metalle nach dem Muster ihres Heimathlandes, welche den oben gedachten Namen erhalten haben (IV. 57). Ebenso besitzen wir Münzen von den aus den Kreuzzügen hervorgegangenen Ritterorden: dem Johanniterorden, welcher während seiner Herrschaft auf Rhodes und später auf Malta, sowie von dem Orden der Deutschherren, welcher in Preussen und Litthauen und von dem Orden der Schwertbrüder, welcher in Liefland das Münzrecht ausübte. Die ältesten Münzen des deutschen Ordens sind kleine Brakteaten, dann sogenannte Halbskoter ober Halbschoter (der Skoter war der 24. Theil einer Mark — Ganzstücke sind nicht bekannt) und Vierchen (Theile des Halbskoters).

§ 26.

Die Bracteaten.

Unter Bracteaten versteht man eine eigenthümliche, hauptsächlich in Deutschland vorkommende Gattung von Münzen des Mittelalters, welche aus dünnem Silberblech unter Anwendung nur eines Stempels geschlagen sind und bei welchen daher das Bild der Vorderseite auf der Kehrseite vertieft erscheint. Sie sind nicht zu verwechseln mit den weit älteren Goldbracteaten, welche in Schweden und Norwegen, Dänemark und bisweilen auch im nördlichen Deutschland gefunden werden. Letztere sind zwar auf dieselbe Weise wie unsere Bracteaten angefertigt, rühren aber aus einer weit früheren Zeit her, als diese (vom fünften bis siebenten Jahrhundert). Sie tragen zum Theil Runenschrift und haben erwiesener Massen als Schmuckgegenstände, namentlich zur Verzierung der Ketten, Hals- und Armringe gedient. Auch gehören hierher nicht die kleinen Hohlpfennige der späteren Zeit, denn während die Bracteaten, von welchen wir jetzt handeln wollen, eine Münzeinheit bildeten und in den betreffenden Ländern an die Stelle der unmittelbar vorher gangbaren Denare traten, waren jene Hohlpfennige Theile des später aufkommenden Groschens, welche nur der Bequemlichkeit wegen nach Art der Bracteaten, also einseitig unter Anwendung ganz dünner Schrötlinge geprägt wurden. Auch ist bei den Hohlpfennigen der Stempelschnitt von abweichendem, einer späteren Zeit angehörendem Charakter und das Silber durchgängig weit geringhaltiger, zuletzt so stark mit Kupfer legirt, dass sie kaum noch als Silbermünzen angesehen werden können.

Der Name Bracteat, welchen die jetzt zu besprechenden Münzen übrigens erst später, namentlich als sie Gegenstand der Münzforschung wurden, erhalten haben, wird von dem lateinischen Worte *bractea* (aus dem Griechischen βραχεῖν, knistern, rauschen) abgeleitet. Bractea bedeutet alles sehr Dünne und Schwache, dünnes Blech, insonderheit das Blatt oder Blättchen von Gold oder auch von anderm Metall. *Bracteatus* ist das Participium von *bracteo, bracteare,* mit Blech, namentlich Goldblech überziehen, vergolden; *bracteatus* (sc. *numus)* bedeutet also eigentlich eine mit dünnem Blech, insonderheit Goldblech überzogene, das ist plattirte Münze. Die Benennung Bracteat ist hiernach sprachlich keineswegs richtig und würde nach Grote durch *numus bractealis* „Bracteal", besser ersetzt werden. Thatsächlich wurden auch die Bracteaten früher häufig Blechmünzen genannt, ferner Hohlmünzen *(numi cavi)*, Blätterlinge, Schüsselmünzen (von ihrer zum Theil schüsselförmigen Gestalt) und Pfaffenmünzen (nach den auf ihnen häufig vorkommenden Brustbildern von Bischöfen und andern Kirchenfürsten). Im Mittelalter selbst gab es keinen bestimmten Namen für die in Rede stehende Münzgattung, welche, wie bereits erwähnt, nur die bisher gangbaren Denare ersetzte und von letzteren sich ursprünglich weder durch das Gewicht, noch durch den Werth, sondern blos durch ihre Form und die Art der Herstellung unterschied. Sie coursirten vielmehr unter dem allgemeinen Namen Pfennige (*penting, pending, pfending, penning*), eine Benennung, welche man im Mittelalter lange Zeit hindurch fast jeder Münze beilegte*) und nur durch den Zusatz breite, grosse, dicke, goldene u. s. w. näher präcisirte. Auf den wenigen erhaltenen Stücken, auf welchen die Bracteaten durch die Aufschrift als Geldstücke kenntlich gemacht sind, findet sich nur die Bezeichnung *numus, moneta* oder *denarius*.

Ueber die Zeit des Beginnes der Bracteatenprägung haben, da die Bracteaten zum grossen Theil stumm,

---

*) Ueber die Ableitung des Namens Pfennig vergleiche die Anmerkung zu § 24.

das ist schriftlos sind, früher sehr verschiedene Ansichten geherrscht. Man legte dieselbe vielfach bis in das Zeitalter Otto's I., also in das zehnte Jahrhundert zurück. Es steht indessen jetzt fest, dass eigentliche Bracteaten nicht vor der ersten Hälfte des zwölften Jahrhunderts geprägt wurden, und zwar sind die ersten in Magdeburg, Halberstadt, Goslar, Erfurt, Saalfeld, Nordhausen und andern thüringischen Städten geschlagen worden. Die Periode der Bracteaten umfasst über zwei Jahrhunderte, reicht also bis in die Mitte des vierzehnten Jahrhunderts, wo die gedachten Münzen wieder durch den Groschen verdrängt wurden. Die Bracteatenprägung verbreitete sich bald über die Markgrafschaft Meissen, die Lausitz, Anhalt, Brandenburg, Braunschweig, überhaupt durch ganz Ober- und Niedersachsen. Dann finden wir sie in Schlesien, in den Hansastädten an der Nord- und Ostsee, in Holstein, Mecklenburg, Pommern und selbst in Preussen unter der Herrschaft des Deutschen Ritterordens, doch weichen sie dort, wie überhaupt die in den Küstenländern der Ostsee geprägten Bracteaten, von denjenigen Mitteldeutschlands insofern ab, als sie durchgängig von geringerer Grösse sind. Im Westen drang die Bracteatenprägung nur bis Hessen vor (in Westfalen und am Rhein blieb man bei den alten Denaren), dagegen wurde sie im südwestlichen Deutschland und in der nördlichen Schweiz allgemein gebräuchlich. Die im Südwesten geprägten Bracteaten unterscheiden sich indessen, wie wir später sehen werden, in Form und Typus ebenfalls von den mitteldeutschen Bracteaten. Ausserhalb Deutschlands wurden ferner noch in Ungarn, Böhmen, Polen und Skandinavien Bracteaten geprägt, jedoch in minder erheblichem Umfange.

Da die Bracteaten für den Gebrauch des gewöhnlichen Lebens wenig geeignet waren, so bezweifelte man früher, dass sie überhaupt als Currentmünze gedient hätten und hielt sie vielfach für Schau- und Denkmünzen. Diese Ansicht ist indessen, und zwar zuerst von Mader, gründlich widerlegt worden. Von den Beweisen, welche dieser für die Münzkunde des Mittelalters bahnbrechende Forscher für das Irrige derselben anführt, sei nur erwähnt, dass in denjenigen Ländern, in welchen früher Denare, dann aber Bracteaten geschlagen wurden, aus der Zeit der Bracteatenprägung fast niemals andere Münzen vorhanden sind und dass die Bracteaten, wie bereits oben erwähnt, bisweilen die Aufschrift *numus, moneta, denarius* tragen. Ferner kommen in den Münzfunden unter ganzen und unversehrten Bracteaten häufig genaue Hälften derselben vor, welche man durch absichtliches Zerschneiden der ganzen Stücke mittels eines scharfen Instruments hergestellt hat. Diese Hälften können zweifellos keinen anderen Zweck gehab‘ haben, als den, für den kleinen Verkehr eine Art Scheidemünze zu schaffen oder beim Wiegen einer grösseren Menge Bracteaten das verlangte Gewicht genau zu erhalten. Wenn man sich hiernach der Bracteaten trotz ihrer Unzweckmässigkeit und Zerbrechlichkeit lange Zeit als einer Currentmünze bedienen konnte, so erklärt sich dies daraus, dass man sie bei Grosszahlungen lediglich nach dem Gewichte, also nach Pfunden oder Mark Silbers rechnete, sowie aus dem Umstande, dass, wie wir später sehen werden, die Umlaufszeit des Bracteaten eine äusserst beschränkte war.

Die Entstehung der Bracteatenprägung ist wie folgt zu erklären. Mit Beginn der Kreuzzüge hatte sich der Verkehr in Deutschland wesentlich gehoben und es war in Folge dessen ein grösserer Bedarf an Zahlmitteln eingetreten. Zugleich waren neue Silberquellen erschlossen worden, beziehentlich lieferten die bereits vorhandenen Silbergruben, namentlich diejenigen von Goslar, reichere Erträge. Die Münzmeister waren daher bei der höchst unvollkommenen Prägetechnik damaliger Zeit nicht mehr im Stande, den erhöhten Anforderungen zu genügen, das heisst so viel Münzen zu schaffen, als gebraucht wurden. Die schwierigste und zeitraubendste Manipulation beim Anfertigen der Münzen war aber das Ausstückeln der Schrötlinge, welche man mangels geeigneter mechanischer Hülfsmittel mühsam aus den Zainen ausschnitt oder mittels Zangen und anderer Instrumente ausriss oder abkniff. Um nun diese Arbeit zu erleichtern, ging man Anfangs des zwölften Jahrhunderts dazu über, die Zaine immer dünner herzustellen. Die Verringerung der Dicke des Schrötlings bedingte aber, dass man die bisherige Fabrikationsweise, nach welcher Vorder- und Rückseite der Münze gleichzeitig geprägt wurde, verliess und den Schrötling, indem man ihn auf eine verhältnissmässig weiche Unterlage, etwa eine Bleiplatte legte, erst auf der einen, dann auf der andern Seite mit dem Stempel versah. Selbstverständlich fiel bei diesem Verfahren die Prägung ausserordentlich mangelhaft aus, denn nicht nur, dass in Folge der geringen Stärke des Schrötlings das Gepräge der einen Seite auf der andern zum Theil durchgedrückt wurde, also vertieft erschien, wurde auch das der Münze zuerst aufgeprägte Bild durch die zweite Prägung theilweise wieder verwischt und so undeutlich, dass Typen und Aufschrift oft nicht zu erkennen und zu entziffern sind. Man nennt die solchergestalt geprägten Münzen, welche zuerst in der Schweiz, in Deutschland zur Zeit Heinrich's V. (1106—1125) aufkamen, Halbbracteaten. Dieselben hatten übrigens in Mitteldeutschland nur eine kurze Lebensdauer, denn die Schrötlinge würden schliesslich so dünn hergestellt, dass sie einen zweiten Stempel absolut nicht mehr aufnehmen konnten. Man liess daher im grössten Theile Deutschlands denselben allmählich ganz weg und prägte nur noch einseitige Münzen, also eigentliche Bracteaten, während man in anderen Gegenden, namentlich in Bayern, wo sich die

Halbbracteaten auf die Dauer ebenfalls nicht halten konnten, zur Denarprägung zurückkehrte. Diese Erklärung des Entstehens der Bracteaten schliesst indessen nicht aus, dass man in manchen Orten von der Denarprägung sofort auf die Bracteatenprägung überging, namentlich wenn dieselbe in Nachbarländern bereits üblich war. Auch mag die Einführung der Bracteatenprägung ausser durch die angegebenen Gründe noch durch andere Einflüsse begünstigt worden sein, namentlich durch den Umstand, dass die Kosten sich erheblich niedriger stellten, als bei der Denarprägung, da nicht nur die Schrötlinge jetzt mühelos aus den Zainen mit der Scheere ausgeschnitten werden konnten, sondern die neue Fabrikationsweise auch weit weniger Stempel als früher erforderte.

Was das eigentliche Prägen der Bracteaten anlangt, so konnte dasselbe auf verschiedene Weise erfolgen. Entweder befestigte man den Stempel auf einem Klotz oder Amboss, legte dann auf den Stempel den Schrötling und schlug auf letzteren mit einem weichen Hammer, etwa von Holz oder dergleichen, derartig, dass der Schrötling die Gravirung beziehentlich das Bild des Stempels aufnahm. Wahrscheinlicher ist indessen, dass man den Schlag des Hammers nicht direct auf den Schrötling wirken liess, sondern dass man eine dünne Bleiplatte oder ein Stück Leder oder sonstiges weiches Material dazwischenlegte, welches dann, da es unter dem Schlage das Bild des Stempels im Relief aufnehmen musste, die Stelle einer Patrize versah und zugleich verhinderte, dass der Stempel zu sehr abgenutzt wurde. Endlich konnte man auch umgekehrt verfahren, indem man auf dem Amboss eine Unterlage anbrachte und auf letztere den Schrötling legte. Dann setzte man den Stempel, welcher eine solche Länge haben musste, dass er bequem mit der Faust zu halten war, auf den Schrötling auf und führte auf ersteren einen oder mehrere kräftige Schläge mit dem Hammer. Die beiden erstgedachten Manieren dürften verhältnissmässig wenig zur Anwendung gekommen sein, da sie die Stempel zu sehr ruinirten und jedenfalls zu mühsam und zeitraubend waren, wenn anders ein einigermassen gutes Gepräge erzielt werden sollte. Dagegen ist mit Sicherheit anzunehmen, dass man bei weitem die meisten Bracteaten auf die zuletzt beschriebene, einfachste und zugleich schnellste Weise angefertigt hat, welche ebenfalls gestattete, auf der allein in Betracht kommenden Vorderseite gute Abprägungen des Stempels zu erzielen. Darüber, worin die Unterlagen bestanden, auf welchen die Bracteaten geprägt wurden, herrschen verschiedene Ansichten. Manche nehmen an, dass diese Unterlagen von Blei, Andere, dass sie von Leder, Filz, Tuch oder dergleichen gewesen sind. Nach den vom Verfasser selbst angestellten Versuchen ist es unter Anwendung der letztgedachten Materialien ebenso gut möglich, gute Abprägungen zu erzielen, wie mit Blei, doch verdient letzteres insofern den Vorzug, als es mehrere Schläge gestattet, während die Unterlagen anderer Art nach dem Schlage mehr oder weniger federn und deshalb, wenn der erste Schlag zu schwach ausgefallen ist, einen zweiten nicht gestatten, ohne sofort bemerkbare Doppelprägungen zu hinterlassen. Es ist indessen anzunehmen, dass die Münzer des Mittelalters geübt genug gewesen sind, um stets nur einen Schlag zu führen, und es erscheint daher wahrscheinlich, dass beim Prägen der Bracteaten vorzugsweise Unterlagen von Filz oder ähnlichen Stoffen benutzt worden sind, da die Anwendung von Bleiplatten, welche übrigens nur von mässiger Stärke sein durften, wegen des häufig nothwendigen Umgiessens wohl zu umständlich und kostspielig gewesen sein mag. Es giebt ferner eine häufig vorkommende Art von Bracteaten, welche nicht flach, sondern schüsselförmig sind, indem der Rand auf der

Vorderseite mehr oder weniger aufwärts gebogen ist. Ueber die Prägeweise dieser Bracteaten sind die Ansichten ebenfalls sehr verschieden. Nach den vom Verfasser angestellten Versuchen erklärt sich indessen dieselbe einfach dadurch, dass der Rand des Stempels verhältnissmässig breit und nicht scharfkantig, sondern mehr oder weniger abgerundet gewesen ist. Letzteres war an und für sich schon deswegen nothwendig, um, wenn der aufgesetzte Stempel den dünnen Silberschrötling nicht genau deckte, das Durchschlagen beziehentlich Abschneiden des überstehenden Randes zu verhindern. Thatsächlich finden wir auch auf allen Bracteaten, bei welchen, wie es bei anderen nicht im Ringe geprägten Münzen häufig vorkommt, der Stempel den Schrötling nicht vollständig getroffen hat, den auf der einen Seite überstehenden, also unbeprägten Rand von dem Münzbilde keineswegs scharf abgegrenzt. Je breiter und je mehr nun der mit einer Gravirung nicht versehene Rand des Stempels abgerundet war, desto mehr wurde das dünne Münzplättchen gezwungen, bei der Procedur des Prägens sich nach oben zu biegen. Unterstützt wird diese Erklärung der Entstehung der schüsselförmigen Bracteaten noch durch den Umstand, dass bei denjenigen Bracteaten, welche einen besonders breiten Rand haben, häufig kleine Falten in demselben zu bemerken sind, da das Silber des Schrötlings, namentlich wenn es zu hart und spröde war, durch das Schlagen nicht genügend zusammengepresst wurde und dem durch dasselbe ausgeübten Druck nicht anders auszuweichen vermochte.

Die von Münzforschern früherer Zeit ausgesprochene Ansicht, dass die Bracteaten mit Stempeln von hartem Holz geprägt worden seien, ist, vom technischen Standpunkte aus betrachtet, so unhaltbar, dass sie keine Widerlegung verdient. Dagegen ist es erklärlich, wenn man neben eisernen Stempeln auch solche von weicherem

Metall, namentlich von Kupfer oder Bronze anwandte, denn einerseits erleichterten die letztgedachten Metalle die Arbeit des Schneidens, andererseits wurden die Stempel beim Prägen einem immerhin nur verhältnissmässig geringem Druck ausgesetzt, so dass dabei ein weniger hartes Metall recht gut an die Stelle des Eisens treten konnte. Thatsächlich besitzen wir neben Bracteatenstempeln von Eisen auch noch solche von Bronze, und zwar sind letztere sogar im Wege des Gusses hergestellt, jedoch mit Feile und Stichel leicht überarbeitet.*) Bei Anfertigung der Stempel zu den in die spätere Zeit fallenden Bracteaten des rohesten Styls verfuhr man indessen in höchst einfacher Weise, indem man sich fast nur darauf beschränkte, auf die Fläche des zu bearbeitenden Metallstücks mit einem spitzen Instrumente Linien und Punkte einzuschlagen beziehentlich an einander zu reihen und dadurch figurenähnliche Darstellungen zu erzielen. Die Stempel zu den ältesten Bracteaten sind durchgängig weit besser gravirt, jedoch theilweise, wie zum Beispiel diejenigen zu den Bracteaten Heinrichs des Löwen (V. 66), nur in Linienmanier nach dem Muster der vorangegangenen Denare, auf welchen die Darstellungen ebenfalls linear sind. Sehr bald bemühten sich auch die Stempelschneider, ihren Werken ein noch schöneres, mehr künstlerisches Ansehen zu geben, und es erscheinen daher auf den Bracteaten eigentliche Reliefdarstellungen, welche später, und zwar meist in demselben Maasse, in welchem der Umfang der Bracteaten sich verringerte, immer höher wurden. Wir be-

*) Im zweiten Heft des Bandes XIII. der von der numismatischen Gesellschaft in Wien herausgegebenen numismatischen Zeitschrift befindet sich ein interessanter und mit Abbildungen versehener Aufsatz von Dr. A. Luschin von Ebengreuth, in welchem eine Anzahl noch erhaltener Bracteatenstempel genau beschrieben ist. Der zweite Theil des Aufsatzes, in welchem über die Bracteatenfabrikation selbst gehandelt werden soll, scheint indessen noch nicht erschienen zu sein.

gegnen hiernach der eigenthümlichen Erscheinung, dass die älteren Bracteaten in Bezug auf den Stempelschnitt im Allgemeinen weit zierlicher und sorgfältiger ausgeführt sind, als die Bracteaten aus dem dreizehnten und vierzehnten Jahrhundert. Es ist hier, ähnlich wie bei den antiken Münzen, im Laufe der Zeit ein allmähliches Sinken der Kunst zu bemerken und man kann Bracteaten des besseren Styls, wenn sie wegen Mangels an Schrift oder aus anderen Gründen schwer zu bestimmen sind, mit ziemlicher Sicherheit einer früheren Periode zutheilen, als die Bracteaten des unvollkommenen Styls. Zu den schönsten gehören, ausser einigen der bereits oben erwähnten Bracteaten Heinrichs des Löwen diejenigen von Kaiser Friedrich I., Barbarossa (1152—1190) [V. 64, 65], der nachfolgend beschriebene Bracteat Albrecht des Bären, Markgrafen von Brandenburg (1134—1170), die Bracteaten von Heinrich I., Erzbischof von Mainz, welcher solche für seine thüringischen Besitzungen in Erfurt prägen liess (V. 71), ferner von Beatrix II., Aebtissin von Quedlinburg (1139—1166) [V. 69], Ulrich, Bischof von Halberstadt (1150—1160) u. a. m. Alle diese Bracteaten sind mit mehr oder weniger reichen Ornamenten und Randeinfassungen, oft von grosser Zierlichkeit, versehen, die Aufschriften sind, soweit solche vorhanden, sauber geschnitten und die Bildnisse der Kaiser und weltlichen oder geistlichen Fürsten theils in ganzer, theils in halber Figur mit einer für die damalige Zeit überraschenden und namentlich in Bezug auf die Costüme, Rüstungen u. s. w. bis in's Detail gehenden Sorgfalt ausgeführt. So ist beispielsweise auf einem Bracteat Albrechts des Bären mit der Umschrift ADELBERTS MARCHIO, auf welchem der Markgraf mit seiner Gemahlin Sophie in ganzer Figur dargestellt ist, selbst das Pelzwerk in den Mänteln deutlich zu erkennen. Auch die Bracteaten seines Nachfolgers Otto sind recht gut ausgeführt (V. 75, 76). Sehr hübsch ist ferner sowohl in Bezug auf die der Darstellung zu Grunde liegende Idee als auch wegen der Zierlichkeit des Stempelschnitts ein aus der Zeit des Bischofs Ulrich herrührender Bracteat. Auf demselben ist der heilige Stephan, welcher durch Steinigung den Märtyrertod fand, im Diakonengewand, mit dem Nimbus und von Steinen bedeckt, liegend dargestellt. Ueber ihm befindet sich ein Bogen mit der Inschrift S—S *(Sanctus)* STEPHANVS RPOT (für PROT *omartyr*) und über letzterer das die Seele des Heiligen darstellende Brustbild, welches von zwei Engeln gen Himmel getragen wird (V. 67). Ein anderer schöner Bracteat des Bisthums Halberstadt zeigt uns sogar die Steinigung des heiligen Stephan selbst: Er ist in die Kniee gesunken, während vier Personen Steine auf ihn werfen; es sind also trotz der verhältnissmässig geringen Grösse des Bracteaten nicht weniger als fünf Figuren auf demselben dargestellt.

Um das Jahr 1200 macht sich die bereits erwähnte Verschlechterung des Styls der Bracteaten bemerklich. Die Aufschriften werden allmählich unvollständiger und fehlerhafter, dann werden die Buchstaben und denselben ähnliche Zeichen von nachlässigen oder unwissenden und der Schrift jedenfalls unkundigen Stempelschneidern, welchen es nur darauf ankam, die Legenden älterer, gangbarer Münzen oberflächlich nachzuahmen, bunt durcheinandergestellt, so dass die Entzifferung schwierig, oft fast unmöglich ist. Endlich schwinden auch diese Pseudolegenden, die Typen werden immer einförmiger, die Darstellungen immer kunstloser und plumper, und man kann oft nur durch die Beizeichen, wie Glorienschein, Mitra, Hirtenstab, Krone u. s. w. erkennen, ob die Figur einen Heiligen, oder einen weltlichen oder geistlichen Fürsten darstellen soll. Es kam den Münzherren offenbar nur darauf an, ihre Münzen thunlichst schnell und mit möglichst wenig Kosten herstellen zu lassen. Besonders auffällige Beispiele des Verfalls der

Münzkunst sind die zahlreichen Bracteaten der Markgrafen von Meissen. Auf denselben sind die Markgrafen in mehr kauernder als sitzender Figur dargestellt, die Augen bestehen in zwei grossen, stark hervortretenden Punkten, das Haar ist ebenfalls meist durch Punkte oder durch einen sich über den Kopf ziehenden, an den Seiten mit Punkten versehenen, dicken Strich dargestellt, die Körperverhältnisse sind ganz unförmig (V. 82, 83). Noch unschöner sind die von dem Markgrafen Heinrich dem Erlauchten von Meissen geprägten sogenannten knopfförmigen Bracteaten aus der zweiten Hälfte des 13. Jahrhunderts, welche durch ihren breiten tiefabfallenden und dann wieder umgebogenen Rand ein ganz eigenthümliches Aussehen haben (V. 84).

Ebenso wie der Styl, verringerten sich allmählich auch der Gehalt und die Grösse der Bracteaten, wodurch indessen nicht ausgeschlossen ist, dass zeitweise einzelne Fürsten während der allgemeinen Verschlechterung der Münze sich bemühten, dieselbe wieder zu verbessern. Der Durchmesser der thüringischen Bracteaten betrug anfänglich 35—40 Millimeter, bisweilen auch noch mehr, wie zum Beispiel bei den vorerwähnten in Erfurt geprägten Bracteaten des Erzbischofs Heinrich I. von Mainz, welche einen Durchmesser bis zu 47 Millimeter haben und daher ganz besonders dünn und zerbrechlich sind. In den Küstenländern der Ostsee und im Süden Deutschlands, namentlich in Schwaben, waren indessen, wie bereits oben gesagt ist, die Bracteaten von Anfang an erheblich kleiner; die schwäbischen Bracteaten unterscheiden sich ausserdem noch durch ihren Typus, namentlich dadurch von den mitteldeutschen, dass das Bild des Stempels fast regelmässig von einem Perlenkranze oder von kleinen halbmondförmigen Verzierungen mit hohem Relief eingefasst ist (V. 85, 86).

Die Bracteaten wurden anfänglich nur von den Kaisern und deren Burggrafen und Vögten, sowie von zahlreichen weltlichen und geistlichen reichsunmittelbaren Fürsten, weniger von den Städten, welche damals erst in beschränktem Umfange das Münzrecht besassen, geprägt. Da jedoch die Bracteaten wegen ihrer leichten Zerbrechlichkeit sehr oft, meist alljährlich verrufen wurden, so war ihre Zahl ausserordentlich gross. Man wechselte indessen bei neuen Prägungen nicht immer das gewohnte Münzbild, sondern brachte, um die neuen Bracteaten von den alten, widerrufenen zu unterscheiden, in der Regel nur kleine Beizeichen, als Punkte, Sterne, Kreuzchen, Rosen, Lilien u. s. w. auf dem Felde an. So giebt es beispielsweise von den allerdings erst dem 14. Jahrhundert angehörenden schriftlosen Bracteaten der Stadt Braunschweig, den sogenannten Löwenpfennigen, eine grosse Menge, welche zwar alle das Wappen der Stadt, den Löwen tragen, daneben aber eine Reihe verschiedener Beizeichen führen, mittelst deren sie sich leicht von einander trennen lassen (V. 80). Ebenso oft mögen aber auch die verschiedenen Beizeichen zur Unterscheidung der Münzmeister und der einzelnen Münzstätten, von welchen letzteren die Münzherren oft mehrere besassen, gedient haben. Die Bracteaten des besseren Styls führen meist das Bild der betreffenden weltlichen und geistlichen Münzherren oder ihrer Vertreter (Burggrafen und Vögte), diejenigen der mit dem Münzrecht ausgestatteten Abteien bisweilen auch das Bild der Schirmvögte, welche das Münzrecht ausübten. Die Kaiser und weltlichen Fürsten sind bald stehend, bald zu Pferde, bald auf dem Throne, oder einer gezinnten Mauer oder auch blos auf einem Bogen sitzend, fast immer aber, wenigstens mit dem Gesicht, von vorn dargestellt. Erst später, namentlich als die Bracteaten an Umfang verloren, wird das Brustbild üblicher. Ferner sind die weltlichen Fürsten stets mit Abzeichen ihrer Würde, als Krone, Scepter, Schwert, Banner u. s w. versehen (V. 64, 65, 75, 82). Die Erzbischöfe, Bischöfe, Aebte führen je nach Umständen die Mitra, den Bischofs- oder Kreuzstab, das Evangelienbuch, das Pallium u. s. w., die Aebtissinnen ebenfalls das Evangelienbuch, den unter dem Kinn oder auf der Brust geknüpften Schleier und andere kirchlichen Abzeichen (V. 72, 69). Auf den Münzen der Prälaten ist das Bild derselben häufig auch von dem Bildniss des betreffenden Schutzheiligen begleitet, wie zum Beispiel auf den mehrerwähnten Bracteaten Heinrichs I. von Erfurt. Noch öfter findet sich auf den von Kirchenfürsten geprägten Bracteaten der Heilige allein dargestellt, so auf den zahlreichen Bracteaten (sogenannten Moritzpfennigen) des Erzbischofs Wichmann von Magdeburg (1154—1192) der heilige Moritz (V. 70), ferner auf denjenigen von Halberstadt der heilige Stephan, von Erfurt der heilige Martin, von Breslau der heilige Johannes u. s. w. Die Heiligen sind bald mit, bald ohne Nimbus, oft auch in bischöflicher Kleidung dargestellt und führen die auf ihr Martyrium bezüglichen Attribute, am häufigsten den Palmenzweig (V. 70, 79). Das Feld, in welchem sich das Bild des weltlichen oder geistlichen Münzherrn oder des Heiligen befindet, ist auch oft durch die verschiedenartigsten, namentlich durch architectonische Verzierungen, als Thüren, Mauern, Thore u. s. w. ausgefüllt. Im dreizehnten Jahrhundert, zu welcher Zeit die Wappen gebräuchlicher wurden, begann man an die Stelle der bisherigen Bilder erstere, oder die betreffenden Wappenthiere, später auch blos einzelne Theile des Wappens zu setzen. Dasselbe war indessen nicht immer das Wappen des Münzherrn, sondern oft auch dasjenige der Stadt, in welcher sich die betreffende Münzstätte befand, Da nun im Laufe der Zeit zahlreiche Städte von den Fürsten das Münzrecht erhielten, so ist es bei den späteren Bracteaten oft schwer, zu bestimmen, ob sie ersteren oder letzteren zuzutheilen sind.

Ausser durch den Styl unterscheiden sich die ältesten Bracteaten auch dadurch von den in späterer Zeit hergestellten Münzen dieser Gattung, dass sie meist mit einer Aufschrift versehen sind. Die auf den älteren Bracteaten vorkommenden Schriftzeichen sind im Gegensatz zu der im Mittelalter sonst üblichen sogenannten Mönchsschrift lateinisch und von schöner Form; nur einzelne Buchstaben sind gewöhnlich in der letzgedachten Schriftart geschnitten, so namentlich 𝔄 statt A, 𝔈 statt E und 𝔐 statt M. Im Laufe der Zeit nehmen indessen auch die anderen Buchstaben immer mehr den Charakter der Mönchsschrift an, und es hält diese Umwandlung fast gleichen Schritt mit der allgemeinen Verschlechterung des Styls. Dabei machte man im ausgedehntesten Maasse von Abkürzungen Gebrauch, so dass oft der Name des Münzherrn oder der Titel desselben nur durch einen einzigen Buchstaben angedeutet ist, zum Beispiel *Henricus* durch H, *comes* durch C, *dux* durch D u. s. w. Schliesslich verschwindet die Schrift fast gänzlich von den Bracteaten, oder sie ist, wo sie sich noch vorfindet, so unvollständig und mangelhaft, dass ihre Deutung oft grosse Schwierigkeiten verursacht.

Das Umlaufsgebiet der verschiedenen Bracteaten war in der Regel ein sehr beschränktes, indem dieselben gewöhnlich nur in dem Gebiete des betreffenden Münzherrn, nicht aber in den Nachbarländern Geltung hatten. Es kam daher häufig vor, dass einzelne Münzherren ihre Bracteaten, um denselben ein erweitertes Umlaufsgebiet zu verschaffen, nach dem Muster solcher Bracteaten der Nachbarländer schlugen, welche beim Publikum besonders beliebt waren, oder dass sie, um ihre vielleicht geringhaltiger ausgebrachte Münze an den Mann zu bringen, jene Bracteaten sogar möglichst genau nachprägten — beides Maassnahmen, durch welche das Bestimmen dieser Bracteaten ebenfalls erschwert wird. Beispiele der Nachahmung bereits bekannter Typen bieten mehrere brandenburgische Bracteaten von Jakza von Cöpenick, Albrecht dem Bär und Otto I., welche offenbar nach dem Muster der bekannten und verbreiteten Bracteaten des Erzbischofs Wichmann von Magdeburg geprägt sind, sich aber theils durch die Aufschrift, theils durch besondere Eigenthümliehkeiten von letzteren genügend unterscheiden, um eine Verwechselung auszuschliessen. Es kam daher diesen Fürsten im Gegensatz zu anderen Münzherren, welche fremde Münzen lediglich aus Eigennutz nachprägten, zweifellos nur darauf an, ihrer eigenen, keineswegs schlechteren Münzen leichtere Verbreitung zu verschaffen, indem sie dem Publikum, namentlich für den Handel, solche mit bereits bekanntem Typus boten.

Die Bracteaten genannten Pfennige traten, wie bereits oben erwähnt, in einem grossen Theile Deutschlands an die Stelle der Denare und wurden bei Grosszahlungen zugewogen, Man rechnete anfänglich, als sie noch von gutem Silber waren, wie früher 240 Denare, so jetzt 240 Stück Bracteaten (Pfennige) auf die Mark feinen Silbers zu 20 Schillingen. Später, als die Pfennige immer schlechter ausgebracht wurden, gingen indessen entsprechend mehr auf die Mark. Von der anfänglichen Gewohnheit, zur Darstellung kleiner Werthbeträge oder zur Ausgleichung des Gewichts die Bracteaten in zwei Hälften zu zertheilen, haben wir bereits oben gesprochen. In manchen Gegenden prägte man indessen zu den Ganzstücken besondere Hälften, oder auch blos letztere. Man nannte diese Halbstücke, welche also den früheren Obolen entsprachen und in der zweiten Hälfte des vierzehnten Jahrhunderts in grosser Menge im Umlauf waren, Hälblinge.

Was schliesslich die Aufbewahrung der Bracteaten anlangt, so konnte man bei ihrer leichten Zerbrechlichkeit selbstverständlich Säcke und Beutel nicht dazu verwenden. Man verpackte sie daher in ähnlicher Weise, wie heut die Geldrollen oder legte sie in Gefässe mit festen Wänden, namentlich Krüge und Töpfe, in welchen sie auch heut meistens gefunden werden. Im Verkehr des gewöhnlichen Lebens bediente man sich zur Aufbewahrung der Bracteaten kleiner runder Büchsen von Metall, Horn, Holz und dergleichen, ähnlich unseren heutigen Bonbonnièren und runden Schnupftabaksdosen.

§ 27.

Die Groschenprägung.

Bereits im vorigen Paragraphen haben wir gesehen, dass im Laufe des dreizehnten Jahrhunderts die Münze in Deutschland sich allmählich verschlechterte, indem sie bald an Gewicht, bald an Feingehalt wesentlich verlor. Die alte, auf dem Verhältniss von 1 Pfund = 20 Schillingen = 240 Denaren oder Pfennigen beruhende Zählweise wurde zwar beibehalten, doch trat an die Stelle des Pfundes die Mark und man unterschied dabei die Zählmark, auch Talent genannt, von der Gewichtsmark, da man aus letzterer oft weit mehr als 240 Stück ausmünzte. So wurden beispielsweise in der Erfurter Münzstätte um das Jahr 1150 zwischen 260 und 270, nach dem Jahre 1200 zwischen 320 und 330, um das Jahr 1300 aber sogar zwischen 600 und 700 Pfennige aus der Mark geprägt, wozu in der letzgedachten Zeit noch eine erhebliche Verringung des Gehalts der Münzen trat. Der Grund dieser fast allgemeinen Münzverschlechterung lag darin, dass im Laufe der Zeit die Zahl der weltlichen und geistlichen Fürsten, welche das Münzrecht vom Kaiser erhalten hatten oder auch aus eigener Machtvollkommenheit sich anmaassten, immer mehr zunahm, und dass viele Münzherren dasselbe in missbräuchlicher Weise und zu ihrem Vortheil ausübten.

So war es namentlich ein beliebtes Verfahren der Machthaber, die gangbare Münze in ausserordentlich kurzen Perioden, meist schon nach Jahresfrist, zu verrufen, das heisst für ungültig zu erklären und durch Stücke von geringerem Gehalt zu ersetzen. Das Publikum musste sich bei dem Umtausch oft einen ganz unverhältnissmässig hohen Abzug gefallen lassen, indem man für die abgelieferten alten eine weit geringere Zahl neuer Stücke gab. In Brandenburg betrug dieser Abzug zeitweise sogar 25 Procent, da der Eigenthümer für 16 alte Pfennige nur 12 neue Pfennige empfing.

Noch schneller als in Deutschland verringerte sich in Frankreich, woselbst ebenfalls lange Zeit nur nach Denaren *(deniers)* gerechnet wurde, der Werth derselben, und man ging dort daher in der ersten Hälfte des dreizehnten Jahrhunderts dazu über, Stücke zu 12 Denaren, also wirkliche Schillinge zu prägen. Man bezeichnete dieselben indessen nicht mit dem letzgedachten Namen, sondern nannte sie im Gegensatz zu den sehr dünn gewordenen Denaren *nummi grossi* (Dickmünzen) und nach der Stadt Tours, wo sie zuerst geprägt wurden, *grossi turonenses*, *gros tournois*. Sie führten auf der einen Seite eine kirchenähnliche Figur, vielleicht das Zeichen von Tours, und die Umschrift *turonus civi(ta)s*, umgeben von einem Kranze von Lilien, und auf der andern Seite das gewöhnliche Zeichen der christlichen Könige des Mittelalters, nämlich ein gleichschenkliges Kreuz und um dasselbe in zweizeiliger Umschrift den Namen und Titel des Königs, sowie in abgekürzter Schreibart und in lateinischer, jedoch mit einzelnen Mönchsschriftbuchstaben untermischter Schrift die Worte *benedictum sit nomen domini nostri Jesu Christi* (VI. 91). Die gedachte Münzsorte, welche von gutem Gehalt und gutem Gepräge ist, war lange Zeit auch ausserhalb Frankreichs sehr beliebt und wurde im vierzehnten Jahrhundert in den Niederlanden und in den Rheingegenden woselbst sie den Namen Tournosgroschen oder Turnosen erhielt, genau mit den ursprünglichen Typen vielfach nachgeahmt.

In Deutschland, wo neben der allgemeinen Münzverschlechterung auch die bei den steigenden Verkehrsverhältnissen immer mehr hervortretende Unzweckmässigkeit der Bracteaten eine Verbesserung der Münzprägung besonders dringend machte, trat dieselbe erst mit Ablauf des dreizehnten Jahrhunderts ein. Um diese Zeit liess nämlich König Wenzel II. von Böhmen (1278 bis 1305) geschickte Stempelschneider aus Italien nach Prag kommen und eine neue Gattung Silbermünzen prägen, deren 60 auf die Mark fein gingen. Sie erhielten ebenso wie die oben gedachten Turnosen im Gegensatz zu den bisher in Böhmen gangbar gewesenen Bracteaten den Namen *nummi grossi*, insbesondere nach der Prägestätte, aus welcher sie hervorgingen, die Bezeichnung *grossi pragenses*, woraus später das czechische *groschi* und der deutsche Groschen abgeleitet wurden. Die Prager Groschen hatten auf der Hauptseite eine Krone mit der zweizeiligen (gothischen) Umschrift WENCEZLAVS SECVNDVS DEI : GRATIA : REX : BOEMIE, auf der Rückseite den böhmischen Löwen und um denselben die Aufschrift GROSSI : PRAGENSES (VI. 92). Sie wurden rasch sehr beliebt und mit entsprechend abgeänderten Typen in den Nachbarländern, zuerst in Sachsen, später im grössten Theile Deutschlands wie auch in Polen nachgeprägt. Daneben coursirten als Theile der Groschen, Hohlpfennige (V. 77, 78), welche nach Art der früher gangbar gewesenen Bracteaten, aber kleiner als diese hergestellt wurden, sowie ein- und zweiseitig geprägte Pfennige, doch wurden deren später nicht immer 12, sondern bisweilen auch 8 oder 16 Stück auf den Groschen gerechnet. Weitere Scheidemünzen waren die halben Pfennige, in Süddeutschland Heller genannt (nach der Stadt Hall in

Schwaben, wo sie zuerst oder in besonders grosser Menge geprägt wurden) und die Händelpfennige, welche den Namen von der ihnen aufgeprägten Hand erhielten, ferner in Niedersachsen die kleinen und unansehnlichen Scherfe sowie die vorzugsweise in Süddeutschland und Oesterreich gebräuchlichen Kreuzer oder Vierpfennigstücke, welche unter dem Namen Etscherkreuzer zuerst in Tyrol auftauchten. Ihren Namen erhielten die letztgedachten Münzen von zwei ihnen aufgeprägten, schräg über einander gelegten Kreuzen.

Die ersten Prager Groschen, deren, wie bereits erwähnt, 60 auf die feine Mark gingen, waren von 15löthigem Silber. Im Laufe der Zeit verringerte sich indessen der Gehalt der Groschen um ein Beträchtliches. So liess zum Beispiel der Kurfürst Friedrich II. von Brandenburg im Jahre 1463 durch seinen Münzmeister Gyse Brewitz in Neustadt - Brandenburg 92 Groschen aus der Mark sechslöthigen Silbers schlagen. Gleichzeitig mit der Einführung der Groschen bürgerte sich die Rechnung nach Schock Groschen ein, wobei man jedoch mit Rücksicht auf die Verschiedenheit des Gehalts derselben die Gattung, zum Beispiel böhmische, meissnische, brandenburgische Groschen u. s. w. wohl unterschied. Auch gab man den Groschen ausser nach dem Münzherrn oft nach der Münzstätte, dem Gepräge, dem Gehalt, der Grösse u. s. w. verschiedene zusätzliche Bezeichnungen. Namentlich trat jetzt bei der immer wachsenden Zahl der Münzberechtigten eine grosse Mannigfaltigkeit im Gepräge ein, doch blieb dasselbe nicht immer so gut, wie bei den ältesten Prager Groschen. Die Aufschrift der Groschen war, wie bei allen Münzen des Mittelalters, lateinisch, die Schrift selbst gothisch (Mönchsschrift).

Von den während der in Rede stehenden Periode am häufigsten vorkommenden und bekanntesten Groschenarten seien hier folgende erwähnt:

Die meissnischen Breitgroschen wurden zuerst von Markgraf Friedrich dem Freudigen seit 1315 oder 1318 nach dem Muster der Prager Groschen geprägt. Sie sind von feinem Gehalt und führen auf der einen Seite den meissnischen Löwen mit der Umschrift GROSSVS ∘ MARCh ∘ MISNENSIS, auf der andern ein grosses, an den Enden mit Lilien verziertes Kreuz in einer vierbogigen Einfassung. In den Winkeln derselben befinden sich die Buchstaben C. R. V. X. und am Rande die Umschrift FRID ∘ DI ∘ GRA ∘ TVRING ∘ LANGRAV. Von den Nachfolgern Friedrichs wurden diese Groschen mit geringen Variationen und unter Hinzufügung kleiner Beizeichen, als Kreuzchen, Ringel u. s. w., noch längere Zeit fortgeprägt, doch blieb ihr Feingehalt nicht gleichmässig. Wenig unterschieden von dem vorbeschriebenem Gepräge sind auch die sogenannten Fürstengroschen, welche gegen Ausgang des vierzehnten Jahrhunderts, und zwar zuerst von Balthasar, sowie die neuen Fürstengroschen, welche zu Anfang des fünfzehnten Jahrhunderts von den Markgrafen von Meissen geprägt wurden. Auf Ersteren (VI. 94) ist neben dem Löwen meistens ein B angebracht, welches auf den Anfangsbuchstaben des Namens Balthasar gedeutet wird und unter den Nachfolgern desselben, obgleich ihr Name nicht mit B anfing, aus Gewohnheit beibehalten wurde. Auf den neuen Fürstengroschen steht der Löwe nicht frei, sondern in einem Schilde. Nach dem Löwen hatten auch die Groschen von markgräflich meissnischem Gepräge im Allgemeinen den Namen Löwengroschen.

Im Jahre 1423 verlieh König Sigismund Friedrich dem Streitbaren, Markgrafen von Meissen, das Herzogthum Sachsen sowie die Kurwürde, doch tritt die Umschrift *Grossus novus ducum Saxoniae* erst später an die Stelle von *Grossus novus Misnensis.* Ebenso kommt das kursächsische Wappen erst 1457 auf den sächsischen Groschen vor.

Zu den zahlreichen meissnischen und sächsischen Groschen, welche von Ende des vierzehnten bis zum Anfang des sechszehnten Jahrhunderts von den Markgrafen von Meissen bezw. den Herzögen und Kurfürsten von Sachsen geprägt wurden, gehören ferner die Thüringer Groschen (VI. 93), welche mit Bezug auf den im Jahre 1247 erfolgten Anfall von Thüringen an das Markgrafthum Meissen auf der Rückseite den thüringer Helm mit der Krone und auf demselben als Kleinode zwei Büffelhörner mit je acht belaubten Stäbchen tragen; ferner die sogenannten Kreuzgroschen, welche sich von den neuen Fürstengroschen in der Hauptsache nur dadurch unterscheiden, dass sich über dem Löwenschilde ein kleines Kreuz befindet; die schildigen Groschen, welche ihren Namen von dem auf ihnen befindlichen Landsberger Wappenschilde (mit drei Pfählen) erhalten haben — dasselbe ist einmal auf der Vorderseite in der Umschrift und dann auf der Rückseite angebracht, wo es von dem Löwen gehalten wird —; die bärtigen oder Judenkopfgroschen, vom gemeinen Manne so genannt nach dem auf denselben dargestellten meissnischen Helmkleinode, einem bärtigen Kopfe mit spitzem Hut und Pfauenwedel, die kleinen Groschen oder neuen Schockgroschen mit dem Landsberger Schilde auf dem Lilienkreuze und mit dem Löwen auf der Rückseite, deren 100 statt wie früher 60 Stück aus der Mark geprägt wurden; die Schwertgroschen, ähnlich den schildigen Groschen, jedoch auf der Vorderseite statt des Landsberger Schildes ein Schildchen mit den Kurschwertern vor der Umschrift zeigend; die Rautengroschen mit dem herzoglich sächsischen Rauten- oder Balkenschilde vor der Umschrift; die neuen Schwertgroschen, auf denen das Kurschild und das Rautenschild zusammen erscheinen; die Horngroschen mit dem behelmten herzoglich sächsischen Schilde auf der Vorder- und dem behelmten thüringischen Schilde (der Helm trägt als Kleinod die Büffelhörner) auf der Rückseite; die Silber- oder Spitzgroschen, welche ihren Namen theils von dem feineren Gehalte, theils von den Spitzen des das Wappen umgebenden Dreipasses erhielten; die Zins- oder Muthgroschen, so genannt, weil gewisse Abgaben in denselben geleistet werden mussten. Am verbreitetsten und wegen ihres feinen Gehaltes und guten Gepräges besonders beliebt waren die Schreckenberger oder Engelgroschen, welche von dem Kurfürst Friedrich dem Weisen in Gemeinschaft mit den Herzögen Albrecht und Johann oder Georg und Johann geprägt wurden (VI. 95). Sie führen auf der Hauptseite einen Engel, welcher das Schild mit den Kurschwertern vor sich hält und als Umschrift die Namen der Münzherren, auf der Rückseite das fünffeldige sächsische Wappen sowie die Umschrift GROSSVS . NOVVS . DVCVM . SAXONIAE ., das letztere Wort in verschiedener Abkürzung. Den erstgedachten Namen haben die in Rede stehenden Groschen von dem Schreckenberge bei Annaberg, dessen im Jahre 1492 entdeckte reiche Silbergrube das Metall zur Ausprägung der neuen Groschen lieferte; der Name Engelgroschen wurde von dem vorbeschriebenen Gepräge abgeleitet.

Eine den vorgedachten meissnischen und sächsischen Groschen in Bezug auf das Gepräge weit nachstehende Groschenart des Mittelalters sind die im vierzehnten Jahrhundert in Goslar geschlagenen sogenannten Bauerngroschen, welche auf der einen Seite ein Schild mit dem Reichsadler und darüber einen Helm mit Krone, auf der andern Seite als Schutzheilige der Stadt die Apostel Simon und Judas in ganzer Figur tragen. Ihren Namen haben sie erhalten, weil der gemeine Mann die meist äusserst mangelhaft ausgeprägten Apostel mit ihren Stäben für Bauern mit Knütteln ansah. Später prägte man in Goslar Münzen, auf welchen der Apostel Matthias mit einem Beile, dem Werkzeuge seines Märtyrertodes dargestellt war, und man nannte dieselben daher Matthiasgroschen oder Matthier. Dieselben wurden in der Folge in Hildesheim, Hannover, Osterode und andern hannoverschen Städten vielfach nachgeprägt, und wenn auch ihr Werth im Laufe der Zeit wiederholte Wandlungen erfuhr, so hat sich doch die Benennung Matthier in den betreffenden Gegenden bis auf die neueste Zeit erhalten. Eine gegen Ausgang des Mittelalters in Deutschland, namentlich am Rhein sehr häufig vorkommende Münzbenennung war ferner der Albus, Weissgroschen. Man legte diesen Namen in der Regel solchen Münzen bei, welche sich ursprünglich durch die weisse Farbe, also durch bessern Gehalt vor andern Münzen auszeichneten, doch führten sie später, wenn sie zu viel Kupferzusatz enthielten, ihren Namen oft mit Unrecht. Gegen Ende des Mittelalters kamen die Mariengroschen auf, deren Typus weite Verbreitung fand und die sich in den ehemals braunschweigischen III-Mariengroschenstücken zusammen mit den alten $^1/_{12}$ Thalerstücken fast bis auf unsere Tage erhalten haben. Sie wurden zuerst im Jahre 1505 in Goslar geprägt und trugen das Bild der Jungfrau Maria mit der wechselnden Umschrift *Maria mater gracie, Maria mater Domini, Maria mater Christi, Conserva nos Domina* etc. Man prägte sie dann in den braunschweigischen und hannoverschen Ländern, später auch in Westfalen und am Rhein vielfach nach, doch bewahrten sie in der Folge nicht mehr den ursprünglichen Typus, sondern nur noch den Namen, welcher ihnen mit Hinzufügung der Werthziffer I, III, IV, VI, XII, XIIII aufgeprägt wurde. In Niedersachsen, namentlich in Ostfriesland, Oldenburg, Bremen, wurde der Groschen Grote genannt. Wegen der brandenburgischen Groschen s. § 30.

Auch in ausserdeutschen Ländern begegnen wir während des Mittelalters und später dem Groschen oder wenigstens Münzen, deren Name auf denselben Wortstamm zurückzuführen ist: so in England dem *groat*, in Frankreich den bereits früher erwähnten *gros tournois* und dem *gros blanc*, in Italien dem *grosso*, in Russland dem *grusch*. Dagegen kam der Groschen, so weite Verbreitung er auch sonst hatte, in einzelnen Theilen Deutschlands, namentlich in den Küstenländern der Ostsee, zum Beispiel in Mecklenburg, Pommern u. s. w. während des Mittelalters nicht in Gebrauch. Currentmünze in den gedachten Ländern wurde vielmehr der Schilling, während Witten (Weisspfennige), Vierchen, Scherfe und Hohlpfennige Scheidemünzen waren. Eine andere kleine Münze, welche im 14. Jahrhundert in Pommern und Mecklenburg geschlagen wurde, waren die sogenannten Finkenaugen (Vinkenogen, *vincones*). Der Name wird abgeleitet von dem den pommerschen Münzen zum Theil aufgeprägten Greifenkopf, welchen der gemeine Mann für einen Finken ansah, oder auch von den übernatürlich grossen Augen des auf mecklenburgischen Münzen befindlichen Büffelkopfes.

Schliesslich sei hier noch einer mittelalterlichen Münze erwähnt, deren Entstehung zwar schon in die Zeit vor Beginn der Groschenprägung zurückreicht, die aber nach ihrem Typus weder zu den Denaren, noch zu den Groschen gerechnet werden kann. Es ist dies der Sterling *(Easterling, Esterlin)*, eine kleine englische Silbermünze, welche im 13. und 14. Jahrhundert weite Verbreitung hatte. Den Namen Easterling (Münze vom Osten) verdankt dieselbe dem Umstande, dass sie zuerst von Münzmeistern geprägt wurde, welche man gegen Ende des 12. Jahrhunderts aus dem Osten (Deutschland oder den Niederlanden) kommen liess, um die englische Münze zu verbessern. Die Easterlinge, später Sterlinge genannt, wurden dann im nördlichen Frankreich, in den Niederlanden und auch am Rhein, selbst in Westfalen vielfach nachgeahmt und kamen auf diese Weise gewissermassen nach ihrem Ursprungslande zurück. Das charakteristische Gepräge ist das Brustbild oder der Kopf des Münzherrn von vorn, mit dreizinkiger Krone und hervortretendem lockigen Haar auf der einen und ein Kreuz mit je drei Kügelchen oder auch Sternchen in den Winkeln auf der andern Seite. Der Name der gedachten Münzen, welche im grösseren Verkehr gewogen wurden, hat sich in dem „Pfund Sterling“ bis heut erhalten.

§ 28.

Beginn der Goldprägung im Mittelalter.

Seit dem Aufhören der Merowingerherrschaft wurden, ausser von den byzantynischen Kaisern, in ganz Europa lange Zeit keine Goldmünzen geprägt, sei es, weil man, wie bereits früher erwähnt, immer noch gewohnt war, die Goldprägung als ein besonderes Vorrecht der gedachten Kaiser zu betrachten, sei es — und dies dürfte der wahrscheinlichere Grund sein — weil neben den überall verbreiteten und gekannten byzantinischen Soliden andere Goldmünzen schwer Eingang gefunden haben würden und grössere Zahlungen in Gold meist nach dem Gewicht geleistet wurden. Erst im zwölften Jahrhundert, nach Besiegung der Araber in Unteritalien und in Sicilien, begannen neben den byzantinischen Kaisern auch die Normannen daselbst Goldmünzen zu prägen, welche zum Theil noch arabische Aufschrift trugen. Ebenso schlug Kaiser Friedrich II. als König beider Sicilien in den Jahren 1197—1220 Goldstücke, welche nach dem Muster der antiken römischen Kaisermünzen geprägt waren und deshalb Augustale genannt werden (VI. 87). Dann begann man zur Befriedigung des bei dem steigenden Verkehr immer mehr hervortretenden Bedürfnisses an Geldstücken von grösserem Werth, im Jahre 1252 in Florenz eine Gattung Goldmünzen zu prägen, welche auf der einen Seite das Wappen der Stadt, eine Lilie und die Umschrift FLORENTIA, auf der andern Seite das stehende Bildniss Johannes des Täufers in zottigem Mantel, die Rechte segnend erhoben und in der Linken den Kreuzstab haltend, sowie die Umschrift S. IOANNES B(*aptista*) trugen (VI. 88). Sie erhielten nach der Prägestätte oder nach dem auf der erst beschriebenen Seite befindlichen Bilde — *a flore (lilii)* — den Namen Floren. Endlich wurde im Jahre 1284 in Venedig von dem Dogen Johannes Dandalo noch eine andere Gattung Goldmünzen geschlagen, welche auf der Vorderseite den vor St. Marcus knieenden Dogen, auf der Rückseite das Bild Christi mit der schon auf älteren Silbermünzen vorkommenden Umschrift *Sit tibi Christe datus quem tu regis, iste ducatus* zeigen und nach dem Schlussworte dieser Aufschrift später den Namen „*Ducatus*", oder nach einem Hause in Venedig, *la Zecca*, in welchem sich die Münzstätte befand, die Bezeichnung „*Zecchino*" erhielten. Eine andere, jedoch weniger Glauben verdienende Ableitung des Namens Ducaten ist die, dass die byzantinischen Kaiser Constantin X. (1059—1067) und Michael (1071—1078) sich auf ihren stark im Umlauf befindlichen Goldmünzen mit ihrem Familiennamen Ducas nannten, und dass man daher den Münzen derselben, wie auch in der Folge andern Goldstücken den vorbezeichneten Namen beilegte.

Die Florene sowohl, als die Ducaten oder Zecchinen gewannen bald über Italien hinaus Geltung und erhoben sich zur Bedeutung von Weltmünzen, doch erhielten letztere mehr im Orient Verbreitung, während erstere das Abendland beherrschten. Der Floren wurde im vierzehnten Jahrhundert auch in Spanien, Frankreich, den Niederlanden, Deutschland, Ungarn und selbst in Morea mit den ursprünglichen Typen vielfach nachgeprägt. Nur auf der Hauptseite steht bei diesen Nachahmungen statt des Wortes Florentia der Name, Titel u. s. w. des betreffenden Münzherrn, während auf der Rückseite hinter dem Namen des Heiligen häufig kleine Beizeichen (Wappen und Münzmarken) vorkommen.

In Deutschland, wo die Florene nach ihrem Metall auch den Namen Gülden (Gulden) erhielten, ersetzte man etwa seit 1370 die Lilie durch das Wappen des Münzherrn, behielt aber das Bild des heiligen Johannes mit dem Unterschiede, dass er später statt des Stabes oft das Lamm in der Linken trägt, noch lange Zeit bei. Das Recht, goldene Münzen zu prägen, hatten anfänglich nur die Kurfürsten, welchen es im Jahre 1356 durch die goldene Bulle vom Kaiser verliehen wurde, doch übten thatsächlich bald auch andere Fürsten und Städte dieses Recht aus. Die Erzbischöfe Gerlach von Mainz, Wilhelm von Cöln, Bohemund von Trier und Rupert, Pfalzgraf bei Rhein, waren die ersten Kurfürsten, welche Goldgulden prägen liessen. Dieselben hatten anfänglich einen Werth von fünfzehn bis siebenzehn Groschen und behaupteten denselben auch während des vierzehnten Jahrhunderts. Im Laufe des fünfzehnten Jahrhunderts verringerte sich indessen in Folge der Gewinnsucht der Münzherren, ebenso wie bei den Silbermünzen, auch bei den Goldgulden der Feingehalt, und wenngleich die vier rheinischen Kurfürsten wiederholt Münzverträge mit einander abschlossen, so hatten dieselben doch weniger den Zweck, der Verschlechterung des Geldes vorzubeugen, als den, ein einheitliches Münzsystem in ihren Staaten einzuführen, beziehentlich zu erhalten. Dagegen bewahrten in Ungarn die Goldstücke bis auf die neueste Zeit ihren ursprünglichen Werth und fanden auch in Deutschland weite Verbreitung. Man unterschied daher hier die ungarischen Gulden (Ducaten) (VI. 90) wohl von den rheinischen Gulden oder Florenen (VI. 89) und nannte in der Folge erstere auch blos Ducaten, letztere Florene. Im Uebrigen hatte die Einführung des Goldguldens insofern eine Umwandlung des gesammten deutschen Münzsystems zur Folge, als das genannte Goldstück nunmehr die Münzeinheit wurde und in Folge dessen an die Stelle der Silberwährung die Goldwährung trat. Während indessen die Ausprägung des Goldguldens allmählich einschlief und im siebenzehnten Jahrhundert ganz aufhörte, wurde nach dem Ducatenfuss noch lange fortgemünzt. Man prägte neben den ganzen Ducaten Theilstücke bis zu ganz geringen Werthbeträgen sowie doppelte, vier-, fünf- bis zehnfache Ducaten, welche letztere unter dem Namen Portugalöser bekannt sind.

In Frankreich begann man ebenfalls im dreizehnten Jahrhundert mit der Goldprägung. Zu den ältesten dort hergestellten Goldmünzen, welche von grösserer Breite als die rheinischen Goldgulden sind, gehören der Royal d'or, auf welchem der König unter einem gothischen Portale stehend, der Chaise d'or, auf welchem derselbe auf einem Throne sitzend dargestellt ist (in Deutschland von Ludwig IV., 1314—1347, nachgeprägt), ferner der Pavillon d'or mit ähnlicher Darstellung wie der Chaise d'or, der Thron jedoch von einem Baldachin überdeckt, der Lion d'or, auf welchem der König ebenfalls thronend dargestellt ist, die Füsse aber auf einen ruhenden Löwen stützt, sowie der Mouton d'or, welcher das Gotteslamm mit fliegender Fahne trägt. Auf der Rückseite haben sämmtliche vorgenannte Münzen ein verziertes Kreuz. Von England, woselbst die Münzprägung erst im vierzehnten Jahrhundert begann, ist die interessanteste Goldmünze des

Mittelalters der Rosenobel, welcher eine Breite bis zu 36 Millimetern besitzt und auf dem der König in einem reich geschmückten Schiffe dargestellt ist, während die Rückseite meist ebenfalls ein verziertes Kreuz trägt.

§ 29.

Beginn der Thalerprägung.

Gegen Ende des fünfzehnten Jahrhunderts begann in Deutschland eine abermalige Umwandlung des gesammten Münzwesens, hervorgerufen durch die Einführung eines silbernen Grossstücks, des Thalers. Die ersten derartigen Münzen wurden nicht, wie man früher annahm, von dem Grafen Schlick zu Joachimsthal in Böhmen, sondern von dem Erzherzoge Sigismund in Tyrol geprägt (VII. 100). Sie zeigen auf der Vorderseite den Erzherzog in ganzer Figur, stehend und mit dem Herzogshute bedeckt. In der Rechten hält er das Scepter, während die Linke an den Griff des Schwertes gelegt ist. Im Felde befinden sich ein den österreichischen Schild haltender Löwe und ein Helm. Die Umschrift lautet SIGISMVNDVS ARChIDVX AVSTRIE. Auf der Rückseite ist ein Turnierritter auf galoppirendem Pferde dargestellt, umgeben von 16 Wappenschilden. Ferner giebt es von Sigismund ähnliche Dickthaler sowie Halbthaler, welche sich von den Ganzstücken in der Hauptsache nur dadurch unterscheiden, dass sie auf der Vorderseite den Erzherzog statt in ganzer Figur, bloss im Brustbilde zeigen. Die älteste Jahreszahl, welche auf den in Rede stehenden Thalern vorkommt, ist 1486, auf den Dickthalern und Halbthalern 1484, doch ist aus diesem Umstande keineswegs mit Sicherheit zu schliessen, dass man genau in dem gedachten Jahre mit der Thalerprägung begonnen hat, da, wie bereits früher erwähnt, im fünfzehnten Jahrhundert überhaupt erst der Gebrauch aufkam, die Münzen mit Jahreszahlen zu versehen. Auch vom Erzherzog Maximilian, dem nachmaligen Kaiser Maximilian I. (1493—1519), giebt es schon aus der Zeit, ehe er den Thron bestieg, silberne Grossstücke, doch tragen dieselben mehr den Character von Denkmünzen und Schaustücken, als wirklichen Geldes. Ueberhaupt fand die Thalerprägung erst zu Anfang des sechszehnten Jahrhunderts weitere Ausbreitung, da zu dieser Zeit theils in Folge Erschliessung neuer Silbergruben, theils in Folge erhöhter Ausbeutung bereits vorhandener im sächsischen Erzgebirge eine so grosse Menge Silber producirt wurde, dass man es in den bisher gangbaren kleinen Stücken nicht mehr zu vermünzen vermochte. Man nannte die neue Münze, welche 2 Loth schwer und 15 Loth fein und nach dem damaligen Course des Goldes dem späteren geringhaltigen Goldgulden im Werthe völlig gleich war, ursprünglich Guldengroschen, weil man bisher keine grösseren Silbermünzen als Groschen kannte. Die Guldengroschen, später auch mit dem Namen Güldiner bezeichnet, wurden bald in solcher Menge geprägt, dass sie die umlaufenden Goldgulden überwogen. Dies war namentlich der Fall, als die auf der Südseite des Erzgebirges ansässigen Grafen Schlick damit begannen, die aus den reichen Joachimsthaler Bergwerken gewonnene grosse Silberausbeute zu vermünzen. Die von ihnen geprägten Stücke waren ebenfalls 2 Loth schwer, doch von etwas weniger feinem Silber, als die bisherigen Guldengroschen, etwa 14löthig. Sie wurden wegen des geringeren Gehaltes und des damit verbundenen grösseren Gewinnes von anderen Münzherren vorzugsweise nachgeprägt und erhielten zum Unterschiede von den Guldengroschen nach der Münzstätte Joachimsthal den Namen Joachimsthaler, woraus später die Abkürzung Thaler entstand. Die ältesten Joachimsthaler (VII. 101), welche im Jahre 1519 geprägt wurden, tragen keine Jahreszahl. Auf der Hauptseite befindet sich mit Bezug auf das Lehnsverhältniss der Grafen Schlick zu den Königen von Böhmen der böhmische, zweischwänzige Löwe mit der Umschrift 8 LVDOVICVS 8 PRIM 8 D*(ei)* 8 GRACIA 8 R*(ex)* 8 bO*(hemiae)*. Auf der Rückseite ist der heilige Joachim dargestellt und zu seinen Füssen das gräflich Schlick'sche Wappen; die Umschrift lautet ∘ AR*(ma)* 8 DOMI*(norum)* 8 SLI*(ckorum)* 8 STE*(fani)* 8 ET 8 FRA*(trum)* 8 CO*(mitum)* 8 D *(de)* 8 b*(assano)* 8 Zu den ältesten Thalern gehören ferner die noch ziemlich häufig vorkommenden, von Kurfürst Friedrich dem Weisen in Gemeinschaft mit den Herzögen Georg und Johann geprägten Klappmützenthaler (VII. 102), so genannt nach der eigenthümlichen Kopfbedeckung, welche die im Brustbilde dargestellten beiden Herzöge nach der Mode der damaligen Zeit tragen. Ferner wurden auch von den Herzögen von Württemberg, den Landgrafen von Hessen und anderen Fürsten sowie von verschiedenen Reichsstädten zu der in Rede stehenden Zeit (Ausgang des fünfzehnten und Anfang des sechszehnten Jahrhunderts) Thaler theils mit, theils ohne Jahreszahl geprägt, doch sind dieselben meist ziemlich selten. Zu den interessantesten alten Städtethalern gehören die Cölner sogenannten Ursulathaler, welche auf der einen Seite die Bildnisse der heiligen drei Könige mit der Umschrift IASPAR MELChIOR ET BALTASAR und das Wappen der Stadt, darunter die Worte O FELI*(x)* COLON*(ia)* tragen. Auf der Rückseite ist die heilige Ursula dargestellt, wie sie begleitet von ihrem Vater und dem Pabst Cyriacus mit ihren 11000 Jungfrauen zu Schiff den Rhein herabfährt nach Cöln, wo sie nach der Legende mit ihren Begleiterinnen den Märtyrertod fand. Die Umschrift der Rückseite lautet SANGVIE *(sanguine)* ★ hI*(c)* ★ ROSEO ★ REGNA ★ VICERE ★ SVPERNA ★.

Man bezeichnet die Thaler, welche zu der in Rede stehenden Periode geprägt sind, in Bezug auf ihr Alter mit dem allgemeinen Namen Incunabeln; Münzliebhaber nennen auch dieselben nach der auf ihnen meist noch vorkommenden Schrift Mönchsschriftsthaler.

Im Laufe der Zeit erfuhr der Thaler, welcher ausser in Halbstücken bald auch in Vierteln (in manchen Gegenden Orte oder Ortsthaler genannt), sowie im Mehrfachen als Doppelthaler, $1^1/_2$facher Thaler u. s. w. ausgeprägt wurde, vielfache Wandlungen. Die Guldengroschen oder Guldiner, deren 8 Stück auf die rauhe Mark gingen und die, wie bereits oben erwähnt, dem Goldgulden im Werthe völlig gleich waren, wurden durch die Reichsmünzordnung von 1551 zu 72 Kreuzern angesetzt. Daneben kam im sechszehnten Jahrhundert der Zählgulden zu 60 Kreuzern, das ist eine Münze, welche den Werth von 60 Kreuzern Scheidemünze repräsentirte, in Gebrauch, während der rheinische Goldgulden allmählich immer mehr verschwand und durch den ungarischen Goldgulden oder Ducaten ersetzt wurde. Der Thaler wurde zur gesetzlichen Reichssilbermünze erst im Jahre 1566 erhoben und auf 66Kreuzer gesetzt, stieg aber später bei der immer zunehmenden Verschlechterung der Scheidemünze weit höher. Dass die Werthbestimmung in den betreffenden Reichsmünzordnungen nach Kreuzern erfolgte, erklärt sich daraus, dass die Kreuzerrechnung inzwischen in Süddeutschland und Oesterreich allgemein gebräuchlich geworden war. Während indessen im Süden die Rechnung nach Gulden beibehalten wurde, der Werth des Zählguldens aber schwankend war und in Folge der bereits erwähnten Verschlechterung der Scheidemünze immer mehr herabging, gab man in Norddeutschland diese Zählweise auf und machte den Thaler zur Rechnungseinheit, welche längere Zeit unverändert blieb. Man theilte ihn in Groschen und rechnete zu verschiedenen Zeiten und in verschiedenen Gegenden je nach dem Gehalt und Gewicht des Groschens deren 20, 21, 24, 25, 30, 32, 36 und 48 auf den gemünzten Thaler. Später wurde indessen ebenfalls dazu übergegangen, einer bestimmten unveränderlichen Zahl von Groschen die Bezeichnung Thaler beizulegen und es entstand hieraus ein Zählthaler, dessen Werth also von dem veränderlichen Werthe der auf denselben gerechneten Groschen abhängig war und sich im gleichen Maasse wie die Scheidemünze immer mehr verringerte. Zum Unterschiede von dem Zählthaler erhielt dann der zum gesetzlichen Werthe ausgemünzte Thaler die Bezeichnung: Thaler *in specie* („in Gestalt" eines Thalers), Speciesthaler, und es kam vor, dass letzterer in Folge der Verschlechterung der Scheidemünze oft das Drei-, Vier-, sogar das Zehnfache des Zählthalers galt, indem man statt beispielsweise 24 oder 36 Groschen, welche er ursprünglich enthalten sollte, deren bis 240 beziehentlich 360 auf den Species thaler rechnete.*)

Der durch die Reichsmünzordnungen gesetzlich festgestellte Thaler, welcher im ganzen Reiche Geltung hatte und deshalb sowie im Gegensatz zu den auf Grund von Separat-Münzverträgen einzelner deutscher Fürsten geprägten Thalern den Namen Reichsthaler führte, wurde seit 1623 in Süddeutschland zu 90 Kreuzern oder $1^1/_2$ Gulden, in Norddeutschland zu 24 Groschen gerechnet. Aus diesem Verhältniss entwickelte sich dann in fast ganz Deutschland der Gebrauch, neben dem Thaler vielfach Gulden oder $^2/_3$-Thalerstücke zu prägen.

Die übrigen europäischen Länder folgten bald, die aussereuropäischen Länder naturgemäss etwas später Deutschland in der Annahme eines silbernen Grossstückes und behielten zum Theil sogar die Benennung desselben bei (Tallero, Daler, Dollar). In Italien bildeten ge-

---

*) Vergl. Grote, Münzstudien. Band I, Seite 157 und 158.

wissermassen den Uebergang vom Grosso (S. 125) zum Thaler (Tallero, später Scudo genannt), der Testone oder Teston, eine Münze, welche gegen Ende des fünfzehnten Jahrhunderts dort gebräuchlich wurde und sich durch ihre Grösse und Dicke von den bisher gangbaren kleineren Silbermünzen unterschied (VI. 99). Auch in Frankreich wurden im sechszehnten Jahrhundert Testons geprägt, bis sie allmählich durch den Thaler wieder verdrängt wurden. Die Benennung ist auf das italienische Wort testa, Kopf (des Münzherrn) zurückzuführen, kann also etwa mit „Kopfstück" übersetzt werden.

§ 30.

Das brandenburgische Münzwesen im Mittelalter.

Wie bereits am Schlusse des § 25 erwähnt, werden die sogenannten Wendenpfennige häufig zu den brandenburgischen Münzen gezählt und als die ältesten derselben betrachtet. Es geschieht dies indessen mit Unrecht, da die gedachten Münzen zwar in der Mark Brandenburg vielfach im Umlauf waren, nicht aber in derselben geprägt worden sind. Von den Wendenfürsten, welche bis in das zwölfte Jahrhundert in der Mark herrschten, sind vielmehr Przybislaw von Brandenburg († 1150) und der tapfere Gegner Albrechts des Bären, Jakza von Cöpenick, die einzigen, von welchen uns Münzen bekannt sind. Diejenigen von Przybislaw, welcher nach seinem Uebertritt zum Christenthum den Namen Heinrich führte, sind dünne Denare oder sogenannte Halbbracteaten von rohem Gepräge und zeigen auf der Vorderseite den Fürsten zu Pferde mit der rückwärts zu lesenden Umschrift SVCIRHIЄH, während auf der Rückseite ein Gebäude, vielleicht die von ihm gestiftete Marienkirche zu Brandenburg, mit der Umschrift GRVBEDNARB (ebenfalls rückläufig) oder das Brustbild eines Geistlichen mit Evangelienbuch und zum Segnen erhobener Rechten dargestellt ist. Auf der letztgedachten Rückseite lautet die Umschrift BRANDBVRH. Ausserdem ist neuerdings noch eine höchst interessante Münze Heinrichs bekannt geworden, durch welche die bisher bezweifelte Existenz der Gemahlin dieses Fürsten, Petrissa, beglaubigt wird. Die gedachte Münze trägt auf der Hauptseite das Brustbild Heinrichs mit der Umschrift HEIN BRAND, auf der Rückseite das Brustbild seiner Gemahlin mit der Umschrift PETRISSA. Endlich wird von A. von Sallet (Zeitschrift für Numismatik, Band VIII) Heinrich von Brandenburg noch eine Münze beigelegt, welche aller Wahrscheinlichkeit nach auf der einen Seite das Bild Heinrichs, auf der andern Seite das des Markgrafen Albrecht von Brandenburg zeigt. Erklärlich wird die Entstehung dieser Gemeinschaftsmünze dadurch, dass Heinrich mit seinem Nachbarfürsten Albrecht bekanntlich auf freundschaftlichem Fusse lebte und letzteren sogar zum Erben seines Landes einsetzte.

Von Jakza von Cöpenick giebt es nur Bracteaten, von welchen sieben Verschiedenheiten bekannt sind. Sie zeigen sämmtlich das Bild des Fürsten bald in ganzer, bald in halber Figur, mit und ohne Bart, mit verschiedenen Beizeichen und Verzierungen, sowie (bis auf eine, welche stumm ist) die Umschriften IAKZA COPTNIK · CNE (Knes, Fürst) (V. 73) IACZA · DE · COPNIC, IACZA · DE · COPNIC, IAC · KES (Kes statt Knes), IACZA · DE · COPNINC · DENARII. Im Uebrigen sind die Jakzabracteaten mit Geschick, zum Theil nach dem Muster Magdeburger Bracteaten hergestellt. Aus dem Umstande, dass sich auf fast allen Münzen Jakza's Embleme des Christenthums finden, ist zu schliessen, dass er bereits zum Christenthum übergetreten war, als er die Münzen prägte und dass daher das Alter derselben nicht über das Jahr 1157 zurückreicht, da es urkundlich feststeht, dass er bis zu dem gedachten Jahre, wo ihm die kurz vorher eroberte Stadt Brandenburg von Albrecht dem Bär wieder entrissen wurde, noch Heide war.

Von dem ersten brandenburgischen Markgrafen, Albrecht dem Bär (1134—1170), besitzen wir den im § 26 beschriebenen schönen Bracteat, auf welchem er mit seiner Gemahlin Sophie dargestellt ist. Ausserdem giebt es von Albrecht noch verschiedene zierliche Bracteaten, welche zwar schriftlos sind, nach ihrem Styl aber mit der grössten Wahrscheinlichkeit dem genannten Fürsten zugetheilt werden können. Ferner haben neuere Funde mehrere Bracteaten zu Tage gefördert, die zwar aus einer Zeit, in welcher die Bracteatenprägung noch in den Windeln lag, herrühren und in ihrer Ausführung an die unmittelbar vorausgegangene Denarprägung Heinrichs erinnern, die aber nach den auf denselben befindlichen Aufschriften und sonstigen Merkmalen keinen Zweifel zulassen, dass sie Albrecht angehören (V. 74). Endlich sind vor Kurzem auch zwei Denare (Halbbracteaten) Albrechts des Bären bekannt geworden, von welchem sich der eine im Gepräge ganz den Münzen Heinrichs, der andere dem Halberstädter Typus anschliesst. Sie sind die ersten sicheren Denare, welche wir von Albrecht besitzen und beweisen, dass der genannte Fürst nach der Besitzergreifung Brandenburgs die hergebrachte Denarprägung nicht sofort geändert hat, sondern erst später zur Bracteatenprägung übergegangen ist.

Albrechts Nachfolger, Otto I. (1170—1184), hat uns eine ganze Reihe schöner Schriftbracteaten hinterlassen, auf welchen er in ganzer Figur meist stehend und im Kettenpanzer, mit Schwert und Fahne oder Schild einmal auch zu Ross dargestellt ist. Die Aufschrift lautet im Allgemeinen, jedoch zum Theil mit unterschiedlichen Abkürzungen OTTO MARCHIO oder OTTO BRANDEBVRGENSIS oder auch blos BRANDEBVRGENSIS (V. 75, 76). Ein Bracteat Otto's zeigt statt des Bildnisses desselben ein prächtiges verziertes Gebäude, während ein anderer dadurch merkwürdig ist, dass auf ihm statt des Titels Marchio zuerst die deutsche Bezeichnung MARCGRAVE vorkommt. Dass wir von Otto I. trotz seiner kurzen Regierungszeit eine verhältmässig grosse Menge Münzen besitzen, erklärt sich daraus, dass er schon zu Lebzeiten seines Vaters Albrecht Mitregent desselben mit dem Titel Marchio war und deshalb bereits vor 1170 selbstständig gemünzt hat. Einige Bracteaten Otto's erinnern hinsichtlich ihres Typus lebhaft an die bekannten Moritzpfennige des benachbarten Magdeburg.

Die Münzen Otto's II. (1184—1205) sind, da er auf denselben als der zweite dieses Namens nicht genannt wird, von den Münzen seines Vaters schwer zu unterscheiden. Sie sind indessen durchgängig von geringerer Grösse und minder kunstvollem Stempelschnitt, als die Bracteaten des Letzteren, Von allgemeinem Interesse ist ein Bracteat Otto's II. insofern, als er die älteste bekannte Münze ist, auf welcher der brandenburgische Adler (in dem von dem Markgrafen gehaltenen Schilde) erscheint.

Mit Otto II. und seinen Brüdern Heinrich Graf von Gardelegen (1184—1192) und Albrecht II. (seit 1186 Mitregent Otto's, von 1205—1220 alleiniger Regent) beginnt in der Mark Brandenburg wieder die Denarprägung, doch verschwinden damit noch keineswegs die Bracteaten, sondern es wurden solche von den genannten Fürsten sowie von deren Nachfolgern, wenn auch allmählich immer sparsamer, noch eine Zeit lang daneben fortgeprägt. Diese Abweichung von dem im § 26 ausgesprochenen Grundsatze, dass Denare und Bracteaten in ein und demselben Lande im Allgemeinen nicht neben einander coursirten, ist am wahrscheinlichsten damit zu erklären, dass die Bracteaten hauptsächlich für den Verkehr mit Nachbarländern, welche sich noch ausschliesslich dieser Münzgattung bedienten, geschlagen wurden. Im Uebrigen wird die Classificirung der brandenburgischen Münzen von jetzt ab bis zum Beginn der Herrschaft der Hohenzollern äusserst schwierig, da sie meist schriftlos und mitunter nicht einmal mit Beizeichen versehen sind, aus welchen auf die Prägestätte geschlossen werden könnte. Hierzu kommt, dass unter den Anhaltinern in Folge wiederholter Erbtheilungen in den verschiedenen Gebieten der Mark oft mehrere Fürsten gleichzeitig herrschten, welche bald jeder für sich, bald gemeinschaftlich münzten.

Die Denare (Pfennige), neben welchen auch Obole (halbe Pfennige) geprägt wurden, verringerten sich bereits unter den Anhaltinern im Gewicht und in der Grösse. Der Feingehalt veränderte sich indessen unter den gedachten Fürsten noch verhältnissmässig wenig und wurde erst unter den bayerischen Markgrafen (1324 bis 1373) und unter den Luxemburgern (1373 bis 1415) wesentlich schlechter. Hierzu trug namentlich der Umstand bei, dass die Markgrafen das Münzrecht als eine willkommene Einnahmequelle betrachteten und häufig an Unternehmer verpachteten, welche wieder einen möglichst grossen Nutzen aus demselben zu ziehen suchten (vergleiche § 31). Es war üblich, dass das gesammte vorhandene Geld alljährlich zu einem bestimmten Zeitpunkte (acht Tage vor St. Jacobi) verrufen wurde. Jedermann war alsdann bei schwerer Strafe verpflichtet, sein Geld gegen neue Münze umzuwechseln und erhielt für 16 alte nur 12 neue Pfennige; der Gewinn des Münzherrn betrug also, abgesehen von dem aus etwaiger Verschlechterung der neuen Münze sich ergebenden Vortheil alljährlich 25 Procent des vorhandenen baaren Geldes. Um nun die neuen von den verrufenen Münzen unterscheiden zu können, welchselte man jedes Jahr das Gepräge, dessen Festsetzung den Münzmeistern überlassen gewesen zu sein scheint. Dieselben setzten auf die Münzen gewöhnlich die Wappen der Münzstätten und variirten erstere auch häufig. Die Zahl der Münzstätten war unter den anhaltischen und bayerischen Markgrafen verhältnissmässig gross. Es gab deren in Bärwalde, Berlin, Brandenburg, Brandenburg Neustadt, Königsberg in der Neumark, Kyritz, Lychen, Mohrin, Perleberg, Prenzlau, Salzwedel, Schiefelbein, Soldin, Spandau, Stendal. Da nun in allen diesen Münzstätten nach verschiedenen Stempeln geprägt wurde, so war jeder derselben ein bestimmter Bezirk, Münzyser (Münzeisen) genannt, zugetheilt, für welchen sie den erforderlichen Bedarf an Münze herstellte beziehentlich bei der alljährlichen Aussercourssetzung derselben die Umwechselung besorgte. So gehörten zum Münzyser von Berlin die Städte Berlin, Cölln, Frankfurt, Spandau, Bernau, Eberswalde, Landsberg a.W., Straussberg, Müncheberg, Drossen, Fürstenwalde, Eberswalde, Wriezen und Freienwalde. Es ist natürlich, dass unter solchen Zuständen Handel und Verkehr ausserordentlich litten. Die zum Münzyser Berlin gehörigen Städte benutzten daher im Jahre 1369 die Geldverlegenheit des Markgrafen Otto und kauften von demselben das Recht des ewigen Pfennigs, d. i. das Recht selbst Pfennige zu schlagen, welche der Verrufung nicht unterworfen waren. Als Münzstätten, in welchen die Prägung stattfinden sollte, werden in der betreffenden vom Tage Johannes des Täufers (24. Juni) 1369 datirten Urkunde die Städte Berlin und Frankfurt bezeichnet. Von beiden Städten besitzen wir auch Pfennige, welche jedenfalls auf Grund des erworbenen Münzrechts geprägt und die ältesten uns bekannten Münzen derselben sind. Sie tragen das Wappen der Stadt, die Berliner Pfennige also den Bär (IV. 63), die Frankfurter den Hahn.

Aus dem Vorangeführten leuchtet ein, dass die Zahl der verschiedenen im dreizehnten und vierzehnten Jahrhundert in der Mark geprägten Pfennige sehr erheblich gewesen sein muss. In der That besitzen wir auch aus dem gedachten Zeitraum eine ausserordentlich grosse Menge verschiedener Gepräge. Dieselben sind indessen durchgängig sehr unansehnlich und mangelhaft. Auf der Vorderseite ist meist der Markgraf stehend, seltener zu Pferde, mit Schwert, Lanze oder Schild und verschiedenen Beizeichen dargestellt, während die Rückseite das Wappen der Münzstätte oder einzelne Theile desselben oder sonstige schwer zu deutende Figuren zeigt, welche, wie bereits oben erwähnt, jedenfalls zur Unterscheidung des Jahrgangs dienten (IV. 60, 61, 62). Andere, als die vorbeschriebenen Münzen wurden zu der in Rede stehenden Periode in der Mark nicht geprägt.

Im Jahr 1415 erwarb bekanntlich Friedrich I. von Hohenzollern die Mark Brandenburg. Derselbe scheint sich indessen wenig um das Münzwesen der Mark, in welcher zu dieser Zeit hauptsächlich böhmische und sächsische Groschen im Umlauf waren, gekümmert zu haben, denn wir besitzen keine für die Mark geprägten Münzen, welche ihm mit absoluter Sicherheit zugetheilt werden können. Die bekannten Goldgulden Friedrichs I. mit dem Bildniss Johannes des Täufers sind nicht für die Mark Brandenburg, sondern für seine fränkischen Besitzungen geschlagen. Friedrich II. (1440 bis 1470) liess die ersten Groschen (VI. 97) in der Mark prägen, und zwar in den Städten Brandenburg, Havelberg, Königsberg und Rathenow. Diese Groschen zeigen zuerst die Wappen von Hohenzollern und des Burggrafthums Nürnberg. Daneben wurden als Theile des Groschens Hohlpfennige geprägt, welche meist mit gestrahltem Rande versehen sind und einen Helm oder den brandenburgischen Adler tragen (V. 77, 78). Ausserdem giebt es aus der Zeit Friedrichs II. zweiseitige, in Prenzlau geschlagene kleine Münzen, Vierchen genannt, welche auf der einen Seite ebenfalls den brandenburgischen Adler, auf der andern den zollernschen Schild oder den Helm zeigen.

Unter den Nachfolgern Friedrichs II. Albrecht Achilles (1470 bis 1486) und Johann Cicero (1486 bis 1498) scheinen die Groschen nur in sparsamer Weise geprägt worden zu sein, während solche von Friedrich II. in ziemlicher Menge auf uns gekommen sind. Johann liess die ersten halben Groschen schlagen; auch kommen auf seinen Münzen zuerst Jahreszahlen vor. Die Regierung Joachims I. (1499 bis 1535), in eine politisch höchst wichtige und bewegte Zeit fallend, ist auch für das brandenburgische Münzwesen insofern von besonderer Bedeutung, als man während derselben damit begann, neben den bisher allein in Geltung gewesenen Groschen (VI. 98) und kleinen Silbermünzen, die ersten Goldmünzen (Gulden) sowie Thaler (VII. 104) und Orte oder Viertelthaler zu prägen. Sämmtliche letztbezeichnete Münzen sind von grosser Seltenheit. Der erste Goldgulden Joachims ist vom Jahre 1516, der erste Thaler von 1521.

§ 31.

Das deutsche Münz- und Geldwesen seit dem sechszehnten Jahrhundert.

Das Münzrecht stand in Deutschland, wie wir früher gesehen haben, ursprünglich nur den Kaisern zu und wurde von denselben, anfänglich selten, später häufiger an geistliche und weltliche Fürsten und Herren verliehen. Die mächtigeren derselben nahmen es zwar häufig als ein ihnen kraft ihrer fürstlishen Amtsgewalt zustehendes Hoheitsrecht für sich selbst in Anspruch und übten es ohne kaiserliche Genehmigung aus, doch wurde erst im Jahre 1356 durch die goldene Bulle das Münzrecht als ein gesetzliches Vorrecht der Kurfürsten vom Kaiser ausdrücklich anerkannt. Daneben verlangten indessen im Laufe der Zeit fast alle reichsunmittelbaren Fürsten, Herren und Städte das Münzrecht, da die Anschauung immer mehr Geltung gewann, dass dasselbe ein Ausfluss der Landeshoheit sei. Auch zahlreiche Klöster und geistliche Stifter besassen das Münzrecht von Alters her, beziehentlich waren sie mit demselben vom Kaiser beliehen worden. Viele Fürsten verkauften und verliehen es wieder, zum Theil nur für bestimmte Münzsorten, auf Zeit und unter sonstigen Beschränkungen an ihre Städte, so dass schliesslich eine Unzahl von Münzstätten entstand, in welchen nach den verschiedensten Füssen geprägt wurde. Wie gross die Zahl der Münzherren beziehentlich der Prägeberechtigten zeitweilig in Deutschland gewesen ist, dürfte schwer festzustellen sein, da es an ausreichendem Urkundenmaterial hierzu fehlt und manche Herren und Städte das ihnen zustehende Recht garnicht oder nur sehr kurze Zeit ausübten. Zieht man indessen die grosse Menge der aus dem sechszehnten, siebenzehnten und achtzehnten Jahrhundert noch vorhandenen verschiedenartigen Gepräge sowie den Umstand in Betracht, dass die Zahl der reichsunmittelbaren Fürsten, Herren und Städte des deutschen Reichs gegen 2000 betrug und dass jeder das Münzrecht Ausübende die von ihm geschlagenen Münzen mit bezüglichen Wappen, Hoheitszeichen u. s. w. versah, so lässt sich eine Vorstellung von der Verschiedenartigkeit der während des gedachten Zeitraums in unserem Vaterlande coursirenden Münzen gewinnen. Dabei betrachtete man das Münzrecht fast allseitig als eine Einnahmequelle und verpachtete sogar die Ausübung desselben häufig zu hohen Preisen an einzelne Unternehmer, welche ebenfalls den grösstmöglichen Gewinn daraus zu ziehen suchten. So verpfändete beispielsweise Markgraf Ludwig I. von Brandenburg, welcher sich bekanntermassen häufig in Geldverlegenheit befand, im Jahre 1336 die Münze in Brandenburg, während eine Gesellschaft von Pächtern dieselbe noch verwaltete und eine zweite Gesellschaft sie bereits auf weitere 8 Jahre gepachtet hatte, vom Ablauf dieser Frist ab auf neue 12 Jahre an zwei Stendaler Bürger. Ferner überliess Markgraf Otto VII. (der Faule) nach einer Urkunde vom Jahre 1369 (in welcher neben den Bischöfen von Lebus und Brandenburg und vielen anderen edlen Mannen und vesten Leuten auch ein „Hovemeister Clawes von Bismark" als Zeuge aufgeführt wird) das Recht, Pfennige zu prägen, den Städten Berlin, Cölln, Spandau und anderen, wofür dieselben die Auslösung der dem Fürsten von Anhalt verpfändeten Städte Brandenburg, Görzke, Prenzlau und Templin mit 5000 Mark brandenburgischen Silbers übernahmen und weitere 1500 Mark baar zahlten. Dass bei dem schliesslich allgemein angenommenen Grundsatze, aus dem Münzrecht einen möglichst hohen Nutzen zu ziehen, die Münzen selbst zum Schaden des gemeinen Mannes immer geringhaltiger wurden, liegt auf der Hand. Verhältnissmässig am wenigsten litt anfänglich noch der Thaler unter der allgemeinen Münzverschlechterung. Dagegen prägte man, was für den Münzherrn am gewinnbringendsten war, die Scheidemünze nicht nur äusserst geringhaltig und nach den verschiedenartigsten Systemen, sondern auch in einer das Bedürfniss weit übersteigenden Menge, so dass bei eintretendem Mangel an gröberen Sorten auch Grosszahlungen in dieser geringhaltigen Scheidemünze geleistet werden mussten. Die fortschreitende Verschlechterung der Scheidemünze hatte schon gegen Ende des Mittelalters dazu geführt, dass man solche auch in Kupfer zu schlagen begann. Der Pfennig galt zwar noch längere Zeit als Silbermünze, enthielt aber in Wirklichkeit weit mehr Kupfer, als Silber.

Seit der Einführung des Goldguldens bis zum Ausgange des Mittelalters hatte in Deutschland die Goldwährung geherrscht. Mit dem Beginn der Prägung des silbernen Grossstücks, des Guldengroschens oder des Thalers, trat ein neues, auf der Silberwährung beruhendes Münzsystem in's Leben. Dasselbe trug, da die Goldwährung daneben noch einige Zeit fortbestand, ebenfalls nicht wenig dazu bei, die bestehenden Münzwirren zu vergrössern. Zur Beseitigung derselben erliess Kaiser Karl V. im Jahre 1524 eine Reichsmünzordnung, welche nach dem Orte ihres Entstehens die Esslinger Münzordnung genannt wurde. In derselben wurde die kölnische Mark für das allgemeine deutsche Münzgewicht erklärt und bestimmt, dass der Guldengroschen, welcher dem Goldgulden im Werth gleichgesetzt wurde und zum Unterschiede von jenem den Namen Güldiner erhielt, zu 15 Loth fein und 8 Stück auf die rauhe Mark, im gleichen Verhältniss halbe Guldengroschen, Viertel (Ort genannt) und Zehner ausgeprägt werden sollten; ferner ganze und halbe Groschen, von welchen ersteren 21 auf den Güldiner gehen und 12 Loth fein sein sollten; endlich kleine Groschen zu 84 Stück auf den Güldiner und 8 Loth fein. Der Goldgulden, deren 89 Stück aus der rauhen Mark geprägt werden sollten, wurde zu 22 Karat fein festgesetzt. Auch wurde bestimmt, dass mit Ausnahme von Pfennigen und Hellern andere als die vorbezeichneten Münzsorten bei Strafe nicht geprägt werden sollten. Die Esslinger Münzordnung führte indessen nicht zu dem gewünschten Ziele, da sie von den Reichsständen nicht lange oder auch gar nicht beachtet wurde. Das gleiche Schicksal hatte die bereits im § 29 erwähnte Reichsmünzordnung vom Jahre 1551. Ebensowenig hatte das im Jahre 1559 vom Kaiser Ferdinand I. dem Reichstage zu Augsburg vorgelegte Münzedict, nach welchem 9½ Güldiner aus der rauhen, etwas über

14löthigen Mark geprägt werden sollten, einen Erfolg. Es ist indessen dadurch bemerkenswerth, dass in demselben angeordnet wurde, dass fortan der einen Seite der Münzen, ähnlich wie heut, allgemein der Reichsadler mit dem Reichsapfel und der Werthzahl in Kreuzern (die Bezeichnung Thaler erscheint erst später auf den Münzen) aufgeprägt werden sollte — eine Bestimmung, die allerdings von den Münzherren ebenfalls nicht lange beachtet wurde. Im Jahre 1566 wurde endlich auf dem Reichstage zu Augsburg der bereits früher erwähnte Beschluss gefasst, 8 Stück Thaler zu 66 Kreuzern aus der 14,4 löthigen oder 9 Stück aus der feinen Mark zu prägen. Dieser Fuss blieb, wenn er auch in der Folge wenig beachtet wurde, lange Zeit in Geltung. Dagegen bildeten sich, wie ebenfalls bereits früher erwähnt, verschiedene Zählweisen aus. In Norddeutschland herrschte die Thaler-, in Süddeutschland die Guldenrechnung vor. Im Jahre 1571 überwies man, um der in der Münzprägung herrschenden Willkür und Unordnung zu begegnen, die Aufsicht über das Münzwesen den Kreisen, und zwar sollten zu diesem Behufe Kreismünzstätten eingerichtet werden, in welchen die einzelnen Berechtigten ihr Münzmetall ausprägen lassen sollten. Da indessen diejenigen Münzherren, welche eigene Bergwerke besassen, das aus denselben gewonnene Metall nach wie vor in ihren eigenen Münzstätten ausprägen lassen konnten und die neue Anordnung auch von anderen Münzherren nicht beachtet wurde, so hatte sie ebenfalls keinen Erfolg.

Besonders schwierig ist es, in das Werthverhältniss der kleinen Münze zu einander und zum groben Courant einen sicheren Einblick zu gewinnen. Die verbreitetste Scheidemünze blieb der Groschen (§ 27), welcher allerdings in der Grösse wie im Gehalt sehr verschieden ausgebracht wurde und auf den in den einzelnen deutschen Ländern und Städten bald mehr bald weniger Pfennige, Heller etc. gerechnet wurden. Auch wurde der Groschen in Halbstücken und Doppelgroschen, später auch im Mehrfachen ausgeprägt. Nach den besonderen Namen, welche dem Groschen in einzelnen Ländern beigelegt wurden, seien ausser den bereits früher gedachten, bis in die neuste Zeit reichenden Mariengroschen erwähnt: die Maly-Gross oder Maleygroschen (kleine Groschen), welche im 16. Jahrhundert in Böhmen, sowie die Kaisergroschen genannten Dreikreuzerstücke, welche im 16. und 17. Jahrhundert von den österreichischen Kaisern für ihre Kronländer geschlagen wurden. In Baiern erhielt der Dreikreuzer den Namen Landgroschen. Am Rhein blieb der Albus oder Weissgroschen (§ 27) noch lange im Verkehr. In Niedersachsen, namentlich in Ostfriesland, Oldenburg, Bremen, wurde der Groschen Grote genannt.

Die wichtigsten kleinsten Münzen blieben der Kreuzer, der Pfennig und der Heller. Dieselben standen im Allgemeinen im Werthverhältniss von 1 : 4 : 8 zu einander. Sie wurden natürlich auch im Mehrfachen geprägt und erhielten dann in den verschiedenen Theilen des Reiches verschiedene Namen. So war der Plappart oder Blaffert eine vorzugsweise im Westen und Südwesten Deutschlands übliche kleine Münze im Werthe von 2 Pfennigen. Der Körtling, eine schon im Mittelalter vorkommende, zuerst in Göttingen geprägte Münze, war in Mitteldeutschland gangbar und hatte im 16. Jahrhundert den Werth von 3 Pfennigen, entsprach also den in Sachsen und Brandenburg üblichen Dreiern. Der Blamüser oder Blaumüser war eine im Münsterschen und am Niederrhein vorkommende Münze im Werthe von ungefähr 3 Groschen.

Der Batzen war eine Silberscheidemünze, welche zuerst in der Schweiz geprägt wurde und im 16. Jahrhundert auch in Süd- und Südwestdeutschland sowie in Franken weite Verbreitung fand. Es gab leichte und schwere Batzen, von welchen letzteren 17 bis 18 Stück auf den Thaler gerechnet wurden. In Hamburg, Lübeck, Mecklenburg, Pommern und Preussen blieb der Schilling die Hauptscheidemünze.

Die Scheidemünzen galten zwar als Silbermünzen, waren aber schliesslich von so schlechtem Gehalt, dass sie den Namen als solcher nicht mehr verdienten. Zur Ausprägung wirklicher Kupferscheidemünzen ging man indessen erst verhältnissmässig spät über. Die ältesten deutschen Kupfermünzen sind westfälische und niedersächsische.

In Preussen wurden die ersten Kupferpfennige erst unter Friedrich dem Grossen im Jahre 1751 geschlagen, während man in Sachsen bereits 1721 zur Probe einen kupfernen Pfennig hatte prägen lassen.

Ihren Höhepunkt erreichten die Münzwirren während des dreissigjährigen Krieges. Zu dieser Zeit masste sich nicht nur fast jede Stadt das Münzrecht an, sondern die Münzherren schmolzen auch das noch vorhandene gute Geld ein und schlugen aus demselben äusserst geringhaltige Münzen mit dem alten Gepräge. Gleichzeitig benutzten Wechsler diesen Unfug und errichteten eigenmächtig Münzstätten, sogenannte Heckenmünzen, von welchen aus sie das Land ebenfalls mit geringhaltigen Münzen überschwemmten. Man nennt diese Periode der grössten Münzverschlechterung die Kipper- und Wipperzeit (von dem obersächsischen Worte kippen, das ist abschneiden, und wippen, das ist wägen, da man anfänglich das Geld einfach beschnitt und dann auch dazu überging, dasselbe zu dem verringerten Werthe aus- beziehentlich umzuprägen). Die Verschlechterung des Geldes ging schliesslich so weit, dass häufig erst in 15 und mehr Thalern kleiner Münze so viel Silber enthalten war, als sich in einem einzigen befinden sollte. Dass man am liebsten die kleine Münze immer geringhaltiger ausbrachte oder, richtiger gesagt, verfälschte, erklärt sich daraus, dass dieselbe leichter unterzubringen war, als das grobe Courant und der Betrug nicht so bald bemerkt wurde, wie bei letzterem. Aber auch die Thaler und grösseren Stücke entgingen zur Kipper- und Wipperzeit nicht der Verfälschung, und obwohl dieselben bei der Rückkehr geordneter Zustände später wieder eingezogen beziehentlich verrufen wurden, so haben sich deren noch viele bis auf unsere Zeit erhalten. In Stacke's Deutscher Geschichte (Bielefeld und Leipzig 1881) befindet sich Band II, Seite 290 die hier reproducirte Copie eines

„Epitaphium oder des guten Geldes Grabschrifft."

interessanten Spottbildes auf die Kipper und Wipper, gedruckt „Zu Augspurg, bey Martin Wörle, Brieffmaler im Stangässlin", welches das Verfahren dieser Fälscher veranschaulicht: In einem grossen Raume befindet sich rechts ein Tisch, an welchem zwei Männer beschäftigt sind, Geldstücke zu wiegen und mit einer eigenthümlich construirten Scheere zu beschneiden, während ein dritter anscheinend vollwichtiges Geld ihnen zuträgt. Links davon ist ein Mann damit beschäftigt, mit Stempel und Hammer neue, also jedenfalls verfälschte Münzen zu schlagen. Vor dem Fenster hängt ein mitten durchgerissener Vorhang, auf welchem zwei auf einander stürmende Kriegshaufen dargestellt sind: darüber befindet sich die Aufschrift *discordia.* Durch die geöffnete Thür sieht man endlich einen Hof, in welchem verschiedene Personen an Schmelzöfen und anscheinend damit beschäftigt sind, mittels Hämmern Zaine zu strecken beziehentlich die zum Münzen erforderlichen Vorarbeiten auszuführen. Stacke selbst schildert die in Deutschland allmählich überhandnehmende Münzverschlechterung sowie namentlich die Kipper- und Wipperzeit wie folgt:

„Die Menge der Münzstätten, welche die Controle erschwerte, die Gewinnsucht der Münzmeister und ihrer fürstlichen Herren hatte schon während des ganzen Mittelalters fortwährend Münzverschlechterungen zur Folge gehabt. Am leichtesten liessen sich die kleineren Silberstücke fälschen: wer achtete denn im Kleinverkehr auf einen unbedeutenden Unterschied des wahren und des Sollgehalts? Aber auch die Guldenmünze verringerte sich schon während des sechszehnten Jahrhunderts. Reichsgesetze, Münzvereinigungen suchten vergeblich dem Unwesen zu steuern, welches sich früh dahin erweiterte, dass man alte vollwichtige Münzen von gutem Schrot und Korn aufkaufte und beim Umprägen ihren Feingehalt verringerte. Gegen derartige Verfälschungen half nur ein Mittel, das „Verrufen“, das ist Aussercourserklären minderwichtigen Geldes, und nicht selten kam ein Landesfürst, mit dessen Billigung der Betrug geschehen war, in die unangenehme Lage, sein eigenes Geld verrufen zu müssen, um nicht den Handel und Verkehr seiner Unterthanen oder in seinem

Lande völlig zu vernichten. Das Unwesen nahm zu, je mehr die kaiserliche Gewalt sich minderte und die Reichsverfassung ihrer Auflösung entgegenging, erreichte aber seinen Höhepunkt in den Jahren 1618—1623. Die Landesregierungen beschlossen, den Betrug, den sie nicht zu hindern vermochten, mitzumachen und am Profit theilzunehmen.

Die grossen wie die kleinen Landesherren brauchten Geld: jetzt liessen sie — die braunschweigischen Fürsten zuerst — Münzen schlagen, die statt aus Silber, aus einer schlechten Mischung von Silber und Kupfer, bald aus versilbertem Kupfer bestanden. Die Stadt Leipzig gab sogar, weil sie das Kupfer besser verwerthen konnte, eckiges Blech mit einem Stempel aus. Viele neue Münzen entstanden: wetteifernd beeilten sich Kurfürsten und Fürsten, Herren und Städte, aus Kupfer Geld zu machen. Aus altem Kupfergeräthe liess man sich neue Münzen schlagen und bezahlte damit eiligst frühere Schulden. Alle Welt legte sich auf den Geldhandel. Wer alte Thaler, Goldgulden oder sonst gutes Reichsgeld als Nothpfennig in der Sparkasse hatte, setzte sein Geld schleunig in neues um, da der Preis für gutes Silber im Verhältniss zur Verschlechterung der Münze stieg. Der mühelose Gewinn wurde meist verprasst und verjubelt. Niemand achtete auf die Steigerung der Lebensmittelpreise, bis man aus dem allgemeinen Taumel schrecklich erwachte. Nun verriefen die Landesherren die neuen Münzen, die doch in Aller Händen waren: das betrogene Volk sollte in altem Gelde seine Abgaben zahlen. Natürlich erhob sich allgemeine Entrüstung gegen die Münzer und die Geldwechsler: Handel und Gewerbe hörten auf, die Stadtgemeinden geriethen in Bankrott; überall entstanden Unordnungen und Tumulte. Die öffentliche Meinung verfolgte die Kipper und Wipper, die Geistlichen predigten wider die Teufelsbrut. Aber das kam alles zu spät. Die Besserung war nur möglich, indem das gewaltsame Mittel der Ungültigkeitserklärung neuen Geldes streng angewendet wurde. In den am meisten betroffenen Gegenden waren einige Wenige, die Schuldigsten, reich geworden; der gemeine Mann, verarmt und verzweifelnd, war nun trefflich vorbereitet, die ehrliche Arbeit zu verlassen und im abenteuerlichen Kriegsleben neue Mittel zu üppigem Genuss zu erwerben."

Obgleich man, als das Münzunwesen die geschilderte Höhe erreicht hatte, wohl einsah, dass gegen dasselbe ernstlich eingeschritten werden musste, so war es doch während der Wirren des dreissigjährigen Krieges nicht möglich, hierin eine nachhaltige und dauernde Besserung zu schaffen. Unter den in dieser Periode in Bezug auf das Münzwesen getroffenen vielfachen Anordnungen ist nur diejenige vom Jahre 1623 von Wichtigkeit. Durch dieselbe wurde der alte Reichsspeciesthaler auf 90 Kreuzer oder $1^1/_2$ Gulden festgesetzt, welche Eintheilung für die Folge beibehalten wurde. Da jedoch die Einführung eines allgemein gültigen Reichsmünzfusses nicht gelang, so suchten die einzelnen Staaten durch Verträge unter einander gegen die eigenmächtige Herabsetzung des Münzfusses sich zu sichern. So schlossen die Kurfürsten von Brandenburg und Sachsen im Jahre 1667 zu Kloster Zinna einen Münzvertrag, welchem später auch Braunschweig beitrat und in dem man sich verpflichtete, $10^2/_3$ Thaler oder $15^3/_4$ Gulden aus der feinen Mark zu schlagen. Dieser Vertrag war auch insofern von Wichtigkeit, als durch ihn der nach dem neuen Fusse geprägte Gulden in ganz Norddeutschland eine Zeit lang allgemeine Verbreitung fand. Im Jahre 1690 einigten sich jedoch die genannten Staaten zu Leipzig über einen neuen Münzfuss, nach welchem die feine Mark zu 12 Thalern oder 18 Gulden ausgebracht wurde. Dieser Fuss wurde zwar später auch von anderen deutschen Staaten angenommen und 1738 sogar zum Reichsmünzfuss erhoben, gelangte aber doch nicht zur allgemeinen Geltung.

In Preussen wurde unter Friedrich II. (dem Grossen) 1750 der 14 Thaler- (21 Gulden-) oder Graumannsche Fuss eingeführt, so genannt nach dem holländischen Kaufmann Philipp Graumann, welchen Friedrich zum General-Münzdirector machte. Während der Drangsale des siebenjährigen Krieges war jedoch Friedrich gezwungen, sehr geringhaltige Münzen schlagen zu lassen. Er übertrug die Prägung derselben dem Kaufmann Itzig Ephraim, welcher namentlich mit den nach der Eroberung Sachsens dort vorgefundenen Stempeln grosse Mengen äusserst geringhaltiger Münzen schlagen liess. Dieselben erhielten den Spottnamen Ephraimiten und die allezeit witzbereiten Berliner sagten (wohl mit Bezug auf die mit preussischen Stempeln geprägten geringhaltigen Münzen):

Von aussen schön, von innen schlimm!
Von aussen Fritz, von innen — Ephraim.

Nach dem Hubertusburger Frieden wurde die schlechte Münze eingezogen und der Graumannsche Fuss in Preussen wieder hergestellt. Daneben bestanden in Deutschland beziehentlich folgten aufeinander noch verschiedene Münzfüsse, so der alte Leipziger Fuss, der Conventions- oder 20-Guldenfuss, der 24-Guldenfuss, der dänische (lübische) Fuss und der $24^1/_2$-Guldenfuss, welchen letzteren Bayern, Württemberg, Baden, das Grossherzogthum Hessen-Nassau und Frankfurt am Main im Jahre 1837 annahmen. Im Jahre 1838 schlossen sämmtliche Staaten des Zollvereins einen weiteren Münzvertrag, nach welchem in Norddeutschland der 14-Thaler-, in Süddeutschland der $24^1/_2$-Guldenfuss auf bestimmten Grundlagen und ausserdem als Vereinsmünze das Zweithaler- oder $3^1/_2$-Guldenstück eingeführt wurde. Diesem Vertrage folgte die Münzconvention vom 24. Januar 1857 zwischen den Staaten des Zollvereins einer- und Oesterreich und Liechtenstein andererseits. Durch dieselbe wurde statt der bisher üblichen Mark ein neues Münzgewicht, das Zollpfund von 500 Gramm, geschaffen, und für Norddeutschland der 30-Thaler-, für Oesterreich der 45-Gulden- und für Süddeutschland der $52^1/_2$-Guldenfuss eingeführt. Ausserdem wurde neben dem Zweithalerstück auch das Einthalerstück im Werthe von $1^1/_2$ Gulden österreichischer oder $1^3/_4$ Gulden süddeutscher Währung zur allgemeinen Vereinsmünze erhoben. Durch die letztgedachten Verträge war zwar ein grosser Schritt zur Verbesserung des deutschen Münzwesens geschehen, doch war das Ergebniss immer noch ein sehr unvollkommenes. Denn abgesehen davon, dass die ausserhalb des Zollvereins stehenden Gebiete ihre bisherigen Münzfüsse noch beibehielten, wurde nicht einmal unter den vertragschliessenden Staaten eine eigentliche Münzeinigung herbeigeführt. So hatten in vielen derselben neben den neuen noch verschiedene nach früheren Füssen geprägte Münzen gesetzliche Gültigkeit; im Fürstenthum Schwarzburg-Rudolstadt wurde sogar in zwei verschiedenen Währungen (der süddeutschen und der Thalerwährung) fortgeprägt, in den Ländern der Thalerwährung wurde der Groschen theils zu zwölf, theils zu zehn Pfennigen gerechnet u. s w. Erst nach den glorreichen Kämpfen der Jahre 1870 und 1871 war es dem neuerstandenen deutschen Reiche vorbehalten, neben vielen anderen gemeinsamen Einrichtungen uns auch die Segnungen eines einheitlichen Münzwesens zu gewähren. Dasselbe beruht auf den Gesetzen vom 4. December 1871 und 9. Juli 1873. Zur Durchführung derselben war es eine der wichtigsten Sorgen der Reichsregierung, die umlaufenden Landesmünzen einzuziehen. Wie gross die Zahl derselben gewesen sein mag, geht daraus hervor, dass es bis zum Jahre 1873 an Silber- und Kupfermünzen allein noch 92, nach neun verschiedenen Münzfüssen ausgeprägte Nominale gab, während die Zahl der Münzherren bis 1866 noch 32 betrug. Auch alte, im Publikum fast vergessene Münzen, wie die Kronenthaler, die bis zum Jahre 1810 geprägten kurbrandenburgischen und preussischen $^2/_3$-Thalerstücke, die bis 1785 geprägten $^1/_5$-Thalerstücke (sogenannten Tymfe) und die lübeckischen Speciesthaler (sogenannten Johannesthaler), waren bis vor Kurzem, wenn auch nicht mehr kassenmässiges, so doch noch umlaufsfähiges Geld und sind erst in Folge der Münzumwandlung ausser Cours gesetzt worden. Letztere ist gegenwärtig bis auf die Thaler durchgeführt. Im Ganzen sind bis Ende 1880, die Goldmünzen nicht mitgerechnet, eingezogen worden

an Thaler- und Zweithalerstücken	M.	691619025,00
an sonstigen Landessilbermünzen der Thalerwährung	„	178336842,43
an Silbermünzen anderer Währungen	„	219530270,96
zusammen	M.	1080486138,39
und an Kupfermünzen	M.	3512378,65,

während die Ausprägung der neuen Reichsmünzen bis Ende Juni 1888 sich belaufen hat

in Gold auf	M.	2125769625,00
in Silber auf	„	447340515,20
in Nickel „	„	38524445,70
in Kupfer „	„	10410093,44
zusammen auf	M.	2622044679,34

Der Werth der zur Zeit noch im Umlauf befindlichen Einthalerstücke, deren weitere Einziehung wegen des Sinkens der Silberpreise jetzt im Wesentlichen sistirt ist, wird auf 410 bis 500 Millionen Mark geschätzt.

Was das Gepräge der Münzen anlangt, so ist in denselben seit Beginn der Neuzeit gegenüber dem Mittelalter natürlich ein grosser Unterschied zu bemerken. Während bei den Mittelaltermünzen, wenn auch nicht im ganzen Gebiete des deutschen Reiches, so doch in grösseren zusammenhängenden Theilen desselben eine gewisse Gleichmässigkeit oder Aehnlichkeit der Typen herrscht und letztere in der Regel längere Zeit unverändert bleiben, ein etwa eintretender Wechsel sich aber allmählich vollzieht, tritt schon im fünfzehnten, mehr aber noch im sechzehnten und siebenzehnten Jahrhundert im Gepräge eine allmählich immer mehr zunehmende Verschiedenartigkeit und ein grosser Wechsel ein, hervorgerufen einestheils durch die Verschiedenartigkeit der fortwährend neu entstehenden und nebeneinander gültigen Münzsysteme, anderntheils durch die immer wachsende Zahl der Münzberechtigten, deren jeder seine Münzen durch besondere Bilder auszeichnete. Daneben ist, namentlich im sechszehnten Jahrhundert unter dem Einfluss der Renaissance, sowie in Folge der Vervollkommnung der Münzkunst eine allgemeine Verbesserung des Gepräges der Münzen bemerkbar. Auch bot sich, nachdem die silbernen Grossstücke zur Einführung gelangt waren, den Stempelschneidern Gelegenheit, ihre Arbeit künstlerischer auszuführen und namentlich dem Portrait des Münzherrn, welches, nachdem es im vierzehnten und fünfzehnten Jahrhundert immer mehr von den Münzen verschwunden war, jetzt wieder gebräuchlicher wurde, mehr Sorgfalt zu widmen. Es finden sich daher, besonders unter den österreichischen, sächsischen brandenburgischen und braunschweigischen Thalern wie auch unter vielen grösseren Städtemünzen dieser Periode zahlreiche Stücke, welche einen gewissen Kunstwerth besitzen. Als während des dreissigjährigen Krieges die deutsche Kunst von der unmittelbar vorher erreichten hohen Blüthe herabsank, wurde natürlich auch dem Gepräge der Münzen nicht mehr die frühere Sorgfalt gewidmet und es finden sich namentlich aus der Kipper- und Wipperzeit zahlreiche Münzen, welche nicht nur durch ihren schlechten Gehalt sich unrühmlich auszeichnen, sondern denen man auch auf den ersten Blick ansieht, mit welcher Eile und Nachlässigkeit sie geprägt sind.

Gegen Ende des siebenzehnten Jahrhunderts, als Deutschland von den Folgen des dreissigjährigen Krieges sich allmählich zu erholen begann, verbesserte sich mit dem Gehalt auch das Gepräge der Münzen. So widmete namentlich der kunstsinnige Kurfürst Friedrich III. von Brandenburg, der nachmalige erste König von Preussen, der Münzkunst seine Aufmerksamkeit. Die unter ihm geschlagenen Thaler und Gulden zeichnen sich sogar durch Schönheit des Stempelschnitts vor den gleichartigen Münzen seines Nachfolgers, des sparsamen Königs Friedrich Wilhelm I., vortheilhaft aus. Ebenso finden sich unter den Münzen der Zeitgenossen Friedrichs III., der Kaiser Leopold I. und Karl VI., sowie der Kurfürsten von Sachsen und anderer deutscher Fürsten viele Münzen von schönem Gepräge

Je mehr wir uns der heutigen Zeit nähern, desto mehr schwinden wieder in Folge der Verringerung der Zahl der Münzherren, der technischen Fortschritte in der Herstellung der Münzen und der Verminderung bezw. Vereinfachung der herrschenden Münzsysteme die charakteristischen Eigenthümlichkeiten und Unterschiede in den deutschen Münzen, bis wir schliesslich mit der Wiederhestellung des deutschen Reiches gewissermassen zu einem Abschluss, dem für den allgemeinen Verkehr zwar ausserordentlich vortheilhaften, für den Münzsammler aber weniger interessanten heutigen Münzsystem gelangt sind. Im Uebrigen bieten die deutschen Münzen des 16., 17. und 18. Jahrhunderts nicht blos wegen der bereits oben erwähnten, aus der grossen Zahl der münzberechtigten weltlichen und geistlichen Fürsten, Herren und Städte sich ergebenden Mannigfaltigkeit der Prägung, sondern auch vom allgemeinen historischen und kulturgeschichtlichen Standpunkte viel Anziehendes. Die Mannigfaltigkeit der Prägung wurde dadurch noch vermehrt, dass vielfach der Gebrauch bestand, nicht nur zur Erinnerung an wichtige historische Ereignisse Münzen zu schlagen, sondern auch, je nach der Laune des Münzherrn, Darstellungen auf die Münzen zu bringen, welche sich auf minder wichtige, für ihn aber interessante Ereignisse bezogen. Auf den Münzen vieler Münzherren und münzberechtigter Städte finden wir neben dem Portrait des Landesherrn, dem Wappen u. s. w. den betreffenden Schutzheiligen mit den üblichen Attributen oder symbolische Darstellungen. Andere Bilder mögen oft auch der Phantasie der Stempelschneider oder der Münzmeister entsprungen sein, welche letztere überdies ihre Monogramme oder bestimmte, sogenannte Münzmeister-Zeichen, und zwar meist am Schlusse der Umschrift einer Seite, auf die Münzen setzten.

Nach dem Namen des Münzherrn oder des betreffenden Schutzheiligen, nach den Bildern und Aufschriften, nach den Ereignissen, auf welche sie geprägt waren, nach kleinen, oft unbedeutenden aber charakteristischen Beizeichen, ferner mit Bezug auf ihren Feingehalt, ihre Grösse und Form, manchmal auch zum Spott und aus missverständlicher Auffassung der Darstellung auf den Münzen seitens des gemeinen Mannes erhielten dieselben im Volksmunde oft gewisse Benennungen, welche, wenn auch die Münzen selbst längst aus dem Verkehr verschwunden sind, sich doch bis auf unsere Zeit erhalten haben. In Nachstehendem mögen einige Beispiele von derartigen Münzen und Münzbennungen der neueren Zeit, namentlich von Thalern, mit kurzen Erläuterungen folgen, soweit solche nicht bereits früher gegeben worden sind.

I. Nach dem Münzherrn benannte Münzen.

Albertusthaler. Diese Benennung wurde zuerst den von Erzherzog Albert von Oesterreich und seiner Gemahlin Elisabeth (1599—1621) für die Niederlande nach dem geltenden Reichsmünzfusse geprägten Thalern beigelegt. Nach demselben Fusse wurden später in Braunschweig, Holstein, Curland, Preussen (unter Friedrich II. und Friedrich Wilhelm II.) Thaler geprägt, welche eine hierauf bezügliche Aufschrift trugen und daher ebenfalls Albertusthaler genannt wurden.

Maria-Theresienthaler heisssen diejenigen Thaler, welche von der Kaiserin Maria Theresia von Oesterreich (1740—1780) geprägt wurden und auf der Vorderseite das Brustbild derselben, auf der Rückseite den zweiköpfigen österreichischen Adler mit dem Wappenschilde auf der Brust tragen. Sie erlangten als Handelsmünze in der Levante und im nordöstlichen Afrika, woselbst sie noch heut als Zahlungsmittel dienen, weite Verbreitung und wurden daher nach dem Tode der Kaiserin in Oesterreich noch vielfach nachgeprägt. Im Hauptmünzamte zu Wien werden sogar jetzt noch derartige Thaler hergestellt. Auch König Friedrich II. von Preussen liess im Jahre 1766 für den Handel in der Levante Thaler nach dem Muster der Maria-Theresiathaler, jedoch mit seinem eigenen Brustbilde schlagen.

Sophienducaten wurden im Jahre 1616 auf Veranlassung der Kurfürstin Sophie von Sachsen hergestellt und später vielfach nachgeprägt. Sie tragen auf der einen Seite die Umschrift: Wol Dem Der Freude An Seinen Kindern Erlebt und waren als Schau- bezw. Geschenkmünzen früher sehr beliebt.

Bekannt sind die bis vor Kurzem geprägten Goldmünzen, welche nach dem betreffenden Souverain benannt wurden: Friedrichsdor, Augustdor, Wilhelmdor etc.

Zu den nach den Münzherrn benannten Münzen sind auch die Sedisvacanz- und Kapitelmünzen zu rechnen. Dieselben wurden während der Dauer der Erledigung münzberechtigter Erzbisthümer, Bisthümer und Abteien von den zuständigen geistlichen

Herren bezw. Collegien, welche in der angegebenen Zeit auch die Münzhoheit ausübten, geschlagen. Sie sind meist mit einer hierauf bezüglichen Aufschrift als: *Sede vacante* oder *Moneta Capituli Cathedralis (Monaeteriensis, Fuldensis etc.)* versehen.

Endlich können hierher die sogenannten Vicariatsmünzen gerechnet werden, d. s. von denjenigen Kurfürsten geprägte Münzen, welchen bei Erledigung des Kaiserthrones bis zur Wiederbesetzung desselben das Reichsvicariat übertragen war. Namentlich giebt es von den sächsischen Kurfürsten viel dergleichen Münzen, in deren Aufschrift dann immer auf die vorgedachte Veranlassung bezw. Würde Bezug genommen ist.

II. Nach dem Schutzheiligen benannte Münzen.

Georgthaler. Mit diesem Namen bezeichnet man im Allgemeinen alle thalerförmigen Silbermünzen, auf welchen der Ritter St. Georg im Kampf mit dem Lindwurm dargestellt ist. Am bekanntesten sind die Anfang des 17. Jahrhunderts geprägten mansfeldschen Georgthaler mit der Umschrift Bei Gott ist Raht und Thadt und die etwas später geschlagenen ungarischen. Letztere zeigen auf der Vorderseite den heiligen Georg mit der Umschrift SAN. GEORGIUS EQUITUM PATRONUS und auf der Rückseite ein auf empörten Wellen treibendes Schiff, in welchen der schlafende Heiland von den Jüngern aufgeweckt wird. Die Georgthaler wurden früher als Amulette, welche gegen Verwundung schützen sollten, von Kriegsleuten viel getragen und sind noch heut, namentlich bei den Kavallerie-Offizieren, als Schaumünzen sehr beliebt. Sie wurden aber wegen ihrer Beliebtheit schon von Alters her vielfach nachgeprägt, und es ist daher schwer, die echten von den unechten zu unterscheiden. Von den mansfeldschen Georgthalern sind die ältesten und daher am gesuchtesten diejenigen aus den Jahren 1609, 1611 und 1613.

Andreas-Ducaten, -Gulden, -Pfennige sind braunschweig-lüneburgische Münzen mit dem Bilde des das Kreuz tragenden heiligen Andreas.

Martins- oder Bettlerthaler nennt man Thaler, auf welchen der heilige Martin zu Pferde dargestellt ist, wie er nach der Legende mit dem Schwerte seinen Mantel mit dem am Wege sitzenden nackten Bettler theilt. Es giebt dergleichen Thaler von dem Grafen von Horn, Philipp von Montmorancy (1568 von Alba hingerichtet), von mehreren Erzbischöfen von Mainz (Ende des 16. und Anfang des 17. Jahrhunderts), dem Grafen Günther von Schwarzburg (1606 und 1608) u. A.

Marienthaler sind bis in die neueste Zeit, namentlich in Oesterreich-Ungarn und Bayern vielfach geprägt worden. Sie tragen das Bild der Jungfrau Maria mit dem Christuskinde im Strahlenkranze und meist auf Wolken thronend oder schwebend, oder auf dem Halbmonde stehend.

Laurentiusgulden sind zahlreich vorkommende Goldgulden der Stadt Nürnberg des 15. bis 17. Jahrhunderts, auf welchen der heilige Laurentius mit dem Zeichen seiner Marter, dem Rost, dargestellt ist.

Petermännchen, im rheinischen Dialect Petermenger genannt und auf den Münzen auch so geschrieben, sind kurtriersche kleine Silbermünzen des 17. und 18. Jahrhunderts, welche das Brustbild des heiligen Petrus auf Wolken, den Schlüssel in der Rechten haltend, zeigen.

III. Nach bestimmten Bildern und Aufschriften benannte Münzen.

Vom Herzog August von Braunschweig-Wolfenbüttel wurde auf die im Jahre 1643 erfolgte Räumung Wolfenbüttels seitens der Oestreicher, welche dasselbe lange Zeit besetzt hatten, eine Reihe von Thalern (auch in halben und Viertel-Stücken) geschlagen, und zwar in 7 verschiedenen, auch in sich vielfach abweichenden Geprägen. Sie tragen aber sämmtlich bis auf eine, auf welcher nur der Klöppel dargestellt, als Symbol des Friedens das Bild einer Glocke und wurden hiernach Glockenthaler genannt.

Salvatorthaler sind schwedische Thaler des 16. und 17. Jahrhunderts, welche auf einer Seite das Bild Christi mit der Umschrift *SALVATOR MUNDI ADJUVA* oder *SALVA NOS* tragen.

Spruchgroschen nennt man alle Groschen, welche ein kurzen biblischen oder Sinnspruch tragen. Es sind deren namentlich im 17. Jahrhundert von Herzögen von Braunschweig und vom Herzog Wilhelm von Sachsen-Weimar geschlagen worden.

IV. Auf geschichtliche Ereignisse geprägte und nach denselben benannte Münzen.

Hierher gehören vor Allem die zahlreichen Münzen, welche auf ruhmreiche Thaten der Landesfürsten, auf Siege und Friedenschlüsse (Sieges- und Friedensthaler) geschlagen wurden; ferner die Huldigungs- und Krönungsmünzen, sowie die auf die Geburt, die Vermählung und den Tod der Fürsten bezüglichen Münzen. Von Letzteren seien hier nur die sogenannten Sterbethaler Friedrichs des Grossen, welche allerdings kein besonderes Gepräge tragen, sondern sich nur dadurch von den übrigen Thalern des Sterbejahres 1786 unterscheiden, dass vor und hinter dem zwischen der Jahreszahl stehenden Münzzeichen A je ein Punkt angebracht ist. Die solchergestalt entstandene Aufschrift 17 . A . 86 wird 17. August 1786 gelesen und auf den Todestag Friedrichs des Grossen bezogen. Es ist jedoch neuerdings nachgewiesen worden, dass die diese Thaler von den anderen Thalern des Jahres 1786 unterscheidenden Punkte nicht sowohl zur Erinnerung an den Todestag des Königs gewählt, sondern Unterscheidungszeichen für diejenigen Thaler sind, welche in der zweiten damals in Berlin bestehenden Münzstätte geprägt wurden.

Ferner sei hier der Auswurfmünzen gedacht, welche ihre Entstehung der sehr alten Sitte verdanken, dass Fürsten bei ihrer Krönung, bei Huldigungen, Vermählungen und sonstigen öffentlichen Feierlichkeiten eigens für den Zweck geprägte Münzen unter das Volk werfen liessen. Namentlich wurde diese Sitte von den Kaisern des ehemaligen deutschen Reiches bei ihrer Krönung ausgeübt.

Im Uebrigen ist die schöne Sitte, aus Anlass wichtiger historischer Ereignisse Denkmünzen, d. h. Currentmünzen mit auf diese Ereignisse bezüglichen Darstellungen zu schlagen, für Deutschland leider so gut wie aufgehoben, da das Gepräge unserer jetzigen Münzen durch Reichsgesetz festgestellt ist. Unsere Siegesthaler von 1871 und der 1872 geprägte Doppelthaler zum Andenken an die goldene Hochzeit des sächsischen Königspaares (Johann und Amalie) werden daher vielleicht die letzten derartigen Münzen gewesen sein.

V. Münzen, welche auf besondere Ereignisse und merkwürdige Vorkommnisse geprägt worden sind.

Unter den Münzen der vorbezeichneten Gattung nehmen ihrer Zahl wie ihrer Bedeutung nach die sogenannten Pestthaler eine hervorragende Stelle ein. Dieselben wurden in Beziehung auf die Pest, von welcher Deutschland in den früheren Jahrhunderten vielfach heimgesucht wurde, namentlich aber beim Aufhören dieser Seuche von den betreffenden Städten geschlagen. Es giebt Pestthaler von Breslau, Hamburg, Wittenberg und anderen Städten.

Kometenthaler ist eine Münze, welche von der Stadt Strassburg aus Anlass der Uebergabe derselben an Frankreich im Jahre 1681 geprägt wurde. Sie trägt auf der einen Seite das Bild eines Kometen, welcher das Jahr vorher sich am Himmel gezeigt hatte und mit dessen Erscheinen, dem damaligen Aberglauben entsprechend, das darauf folgende Unglück der Stadt in Zusammenhang gebracht wurde.

Den Herzögen Rudolph August und Anton Ulrich von Braunschweig-Wolfenbüttel gab 1701 das Blühen einer Aloë, einer damals allerdings wohl noch seltenen Pflanze, Veranlassung zur Prägung einer Münze. Es ist dies der sogenannte Aloëthaler, welcher diese blühende Aloë mit einer entsprechenden Aufschrift und Beschreibung zeigt.

VI. Münzen, welche bei vorübergehender Besitzergreifung einzelner Länder und Städte seitens derselben oder der Machthaber geprägt wurden.

Zu den interessantesten Münzen dieser Gattung gehören die sogenannten Wiedertäuferthaler, welche von den Wiedertäufern während ihrer Herrschaft in Münster (1534—36), grösstentheils durch Ueberprägung vorhandener älterer Thaler, hergestellt wurden. Sie tragen keine bildlichen Darstellungen, sondern nur auf die Lehre der Wiedertäufer bezügliche Glaubenssätze und Sprüche.

In neuerer Zeit, und zwar in den Jahren 1759, 1760 und 1761 des siebenjährigen Krieges wurden während der Besetzung Königsbergs durch die Russen verschiedene Münzen mit dem Bilde oder dem Namenszuge der Kaiserin Elisabet, oder auch mit dem russischen Adler für Preussen geprägt. Sie tragen demgemäss auch die Aufschrift *MONETA (SOLIDUS, GROSSUS) REGNI PRUSSIAE.*

Contributionsmünzen nennt man solche Münzen, welche bei vorhandenem Mangel an baarem Gelde von Städten und Landschaften eigens zu dem Zwecke geprägt wurden, um die ihnen vom Feinde auferlegten Kriegscontributionen zu zahlen. In der Noth verwandte man oft das Silber der Bürger und selbst Kirchengefässe zur Herstellung dieser Münzen. So trägt z. B. ein im Jahre 1794 während der Besetzung Triers durch die Franzosen geprägter Contributionsthaler die Umschrift eX VasIs argenteIs In VsVM patrIae sIne CensIbVs DatIs a CLero et prIVatIs. Die in grösserer, hervortretender Schrift geschriebenen Buchstaben als römische Zahlen gelesen und zusammenaddirt, ergeben gleichzeitig die Jahreszahl, ein Gebrauch, dem wir im vorigen Jahrhundert bei Gedächtnissinschriften vielfach begegnen.

VII. Nach dem aufgeprägten Wappen bezw. einzelnen Theilen derselben, Hausorden u. s. w. benannte Münzen.

Hirschgulden werden württembergische Gulden (2/3 Thaler) genannt nach den Hirschen, welche als Schildhalter des Wappens dienen; Hirschthaler Gräflich Stollbergsche Speciesthaler, auf welchen das Wappenthier dieses Geschlechts, ein an einer Säule stehender Hirsch, dargestellt ist.

Ordensthaler sind Thaler, auf welchen ein hoher Orden oder einzelne Insignien desselben abgebildet sind. So trägt der vom König Friedrich I. von Preussen auf die Stiftung des schwarzen Adlerordens geprägte Thaler die Kette desselben mit der Devise *Suum cuique*.

Wildemanns-Thaler, -Gulden etc. sind Braunschweig-Lüneburgische Münzen, auf welchen der wilde Mann (Schildhalter des herzoglichen Wappens) mit einem Baume in der Hand dargestellt ist.

Kronenthaler wurden in der zweiten Hälfte des vorigen Jahrhunderts für die österreichischen Niederlande geschlagen und haben ihren Namen von den auf denselben dargestellten Kronen. Ausserdem gab es französische und andere Kronenthaler, welche nach den ihnen aufgeprägten Kronen ebenfalls so genannt wurden.

VIII. Nach kleinen Beizeichen und nach Münzmeistern benannte Münzen.

Brillenthaler wurden von Julius Herzog von Braunschweig-Lüneburg 1586 und 1589 geprägt. Der auf denselben befindliche wilde Mann hält in der Linken ein Licht, einen Todtenkopf und eine Sanduhr mit daran hängender Brille. Die dabei befindlichen Buchstaben W. H. D. A. L. U B. D. S. S. N. K. U. H. W. werden gedeutet: Was hilft dem Armen Licht und Brill', der sich selbst nicht kennen und helfen will.

Im Uebrigen sei hier bemerkt, dass es gerade von Braunschweig noch eine Reihe von Münzen giebt, welche aus bestimmter Veranlassung geprägt worden sind und zum Theil eigenthümliche Namen erhalten haben, als: Lichtthaler, Juliuslöser, Lügenthaler, Wahrheitsthaler, Schiffs- oder Reisethaler.

Bremsenthaler sind Lübecksche, im 16. Jahrhundert geprägte Thaler, auf welchen in der Umschrift der Rückseite eine Bremse dargestellt ist. Letztere ist das redende Wappen des Bürgermeisters Nicolaus von Brömse, unter dessen Regierung die gedachten Thaler geprägt worden sind.

Tympfe sind geringhaltige polnische Münzen, welche zuerst im Jahre 1665 geschlagen wurden und nach dem Münzmeister Tympf ihren Namen erhielten. Sie tragen das gekrönte Brustbild des Münzherrn, meist mit geschultertem Schwert, und die Zahl 18 = 18 Groschen. Besonders viel Tympfe wurden von den Kurfürsten von Sachsen als Könige von Polen geschlagen. Auch von den Kurfürsten von Brandenburg bezw. Königen von

Preussen wurden diese Münzen für die polnischen und litthauischen Landestheile vielfach geprägt.

IX. Münzen, welchen aus Spott bestimmte Benennungen beigelegt wurden.

Zu obigen Münzen gehören nicht die eigentlichen Spottmünzen, richtiger Spottmedaillen, welche zu dem ausdrücklichen Zweck geprägt wurden, eine bestimmte Person oder Einrichtung, besondere Begebenheiten oder auch Laster und Untugenden u. s. w. lächerlich zu machen. Dagegen möchten hierher zu rechnen sein:

die sogenannten Pfaffen- oder Pfaffenfeindthaler, welche der bekannte Parteigänger im 30jährigen Kriege, Herzog Christian von Braunschweig-Lüneburg im Jahre 1622 aus Kirchensilber, insbesondere aus dem silbernen Sarge des heiligen Liborius in Paderborn hatte prägen lassen. Sie tragen die Aufschrift: Gottes Freund, der Pfaffen Feind und erhielten hiernach obigen Namen.

Strohthaler sind während der Kipperzeit von verschiedenen Münzherren in Schlesien geprägte 24-Kreuzerstücke, welche man wegen ihres besonders schlechten Gehalts und wohl auch in Rüchsicht darauf, dass der Thaler ebenfalls in 24 Theile (Groschen) getheilt wurde, mit obigem Spottnamen belegte.

Den Namen Fledermäuse erhielten Ende vorigen und Anfang dieses Jahrhunderts für Schlesien geprägte geringhaltige Scheidemünzen (Kreuzer- und Dreikreuzerstücke) nach dem auf denselben abgebildeten fliegenden preussischen Adler.

Der Schnapphahn oder Snaphan war eine in Niederland und auch am Niederrhein gangbare Silbermünze des 16. und 17. Jahrhunderts von mittlerer Grösse, auf welchem ein Reiter auf galoppirendem Pferde mit erhobenem Schwerte — wohl der heilige Georg —

dargestellt war. Der gemeine Mann sah aber den Reiter für einen Raubritter an und gab der Münze daher obigen Namen.

X. *Nach dem Gehalt, der Grösse, Form etc. benannte Münzen.*

Dickthaler, Dickgroschen *(piedforts)* u. s. w. sind Münzen, welche mit den gewöhnlichen Stempeln, aber unter Verwendung von stärkeren Schrötlingen geprägt wurden, die also auch entsprechend höheren Werth hatten.

Flitter waren kleine, im 17. Jahrhundert im Braunschweigischen und Mansfeldischen geprägte kupferne Scheidemünzen, deren Benennung von ihrer Kleinheit und der Geringfügigkeit ihres Werthes abzuleiten ist.

Klippen nennt man alle Münzen, welche abweichend von der gewöhnlichen runden, eine eckige Form haben. Der Name dürfte daher von dem Eckigen des Felsens, der Klippe herzuleiten sein. Es giebt Klippen von Gold, Silber und unedlem Metall. Sie tragen vielfach den Charakter von Currentmünzen, noch öfter aber von Schaumünzen. In ersterem Falle wurden sie häufig aus besonderer Veranlassung, in der Eile und wegen Mangel an geeigneten Prägewerkzeugen in der gedachten Form, einseitig und unter Benutzung älterer runder Stempel hergestellt, mit welchen letzteren natürlich der eckige Schrötling nicht vollständig überprägt werden konnte. In der Klippenform wurden namentlich oft angefertigt die sogenanten

Noth- und Belagerungsmünzen.

Unter Nothmünzen versteht man im Allgemeinen solche Münzen, welche bei eintretendem Geldmangel zum einstweiligen Gebrauch, bald aus edlem, bald aus unedlem Metall hergestellt wurden. Denselben wurde meist ein den wirklichen Werth übersteigender Werth beigelegt, und sie sind dann als eine Art Creditmünzen anzusehen, deren spätere Wiedereinziehung wohl beabsichtigt, oft aber unterlassen wurde. Nothmünzen sind auch die Belagerungsmünzen, welche in belagerten Plätzen, um Zahlungsmittel zu schaffen, insbesondere zur Besoldung der Truppen hergestellt wurden. Dieselben tragen daher besonders oft den Charakter der Unvollkommenheit und sind mitunter, bei vorhandenem Mangel an geeignetem Metall, sogar aus ganz werthlosem Material hergestellt. So wurden z. B. während der Belagerung von Colberg im Jahre 1809 durch die Franzosen aus starkem Cartonpapier gefertigte Nothmünzen zu 2, 4 und 8 Groschen von den Belagerten ausgegeben, welche einfach mit dem Commandaturstempel bedruckt sind und auf denen der Werthbetrag handschriftlich angegeben und von einer Commission unterzeichnet ist.

Als eine Art Nothmünzen können auch die mit Contremarken versehenen Münzen erachtet werden. Bei vorhandenem Mangel an Geld griffen nämlich die Münzherren früher nicht selten zu dem Mittel, Münzen eines anderen Landes dadurch zu einem gesetzmässigen Zahlungsmittel im eigenen Lande zu machen, dass ihnen ein kleiner Stempel (Contremarke) mit dem betreffenden Wappen oder mit bezüglichen Zeichen und Buchstaben aufgeprägt wurde. So wurden z. B. im 17. Jahrhundert zahlreiche deutsche Reichsthaler in Russland mit einem kleinen Stempel mit der Abbildung des Ritters St. Georg versehen und dadurch zu umlaufsfähigen Rubeln gemacht. Auch aus anderer Veranlassung, namentlich um eine anderweite Festsetzung des Werthes vorhandener Münzen durchzuführen oder um bei grundsätzlichen Aenderungen im Münzwesen die noch gültigen Münzen zu kennzeichnen, bediente man sich der Contremarkirung. Selbst unter den antiken Münzen befinden sich viele, welche mit Contremarke versehen sind.

Hiermit möge die Reihe der Münzbenennungen neuerer Zeit geschlossen sein. Denjenigen, welcher sich weiter über diesen Gegenstand unterrichten will, verweise ich auf Schmieder, Handwörterbuch der gesammten Münzkunde, Halle und Berlin 1811 nebst Nachtrag von 1815, ein zwar zum Theil bereits veraltetes, immerhin aber noch brauchbares Nachschlagebuch, aus welchem auch ich zum Theil geschöpft habe. Das neueste und vollständigste Werk über Noth- und Belagerungsmünzen ist: *Maillet, P. Catalogue déscriptif des monnaies obsidionales et de nécessité. Bruxelles 1870—73.*

§ 32.

Die Medaillen.

Die Medaillenkunde bildet einen wichtigen Zweig der Numismatik. Sie beschäftigt sich mit den Medaillen oder Denkmünzen insoweit, als sie zur Erinnerung an bestimmte Begebenheiten oder Personen geprägt, oder als Gegenstände der kleinen Plastik von kunsthistorischem Interesse sind. Die Medaillen dienen heutigen Tages in der Regel nicht wie die gewöhnlichen Münzen als Zahlmittel, doch kam es in Deutschland, wie bei den Siegesthalern von 1871 und den bayerischen Geschichtsthalern, bis vor Kurzem noch vor, dass sie zugleich als Geldstücke ausgeprägt wurden. Anders war es bei den Münzen der römischen Republik, deren Typen und Umschriften, wie wir oben gesehen haben, zahlreiche historische und andere Beziehungen enthalten und die daher fast durchgängig einen medaillenartigen Charakter tragen. Dieselben werden daher, zumal sie sich durch ihre grössere Stärke und ihr Relief von den kleinen und dünnen mittelalterlichen Münzen unterscheiden, noch heute von den Franzosen, welche sich schon im fünfzehnten Jahrhundert mit der antiken Numismatik beschäftigten, nicht *monnaies*, sondern *médailles romaines* genannt. Eigentliche Denkmünzen im jetzigen Sinne dieses Worts waren indessen bei den Römern nur die am Schlusse des § 14 erwähnten Medaillons.

Während des Mittelalters wurden die ersten grossen Medaillen in Italien angefertigt, denn dort war es, wo nach langem Darniederliegen die Künste an den antiken Vorbildern sich am raschesten wieder erholten. Die ältesten uns bekannten italienischen Erinnerungsmedaillen sind um das Jahr 1390 von Franz Carara auf die Eroberung von Padua hergestellt. Gegen Mitte des fünfzehnten Jahrhunderts erreichte die italienische Medaillenkunst, welche hauptsächlich von Malern ausgeübt wurde, ihre höchste Blüthe. Die Medaillen, meist von Kupfer, wurden nach einem in Wachs oder dergleichen hergestellten Modell gegossen und dann in der Regel mit dem Griffel leicht überarbeitet. Unter den Künstlern war es vorzugsweise Pisano, welcher auf dem gedachten Gebiete die schönsten Werke schuf. Auf seinen Medaillen sind die Bildnisse der kunstsinnigen Fürsten, welchen gewöhnlich die Hauptseite gewidmet ist, von unverkennbarer Lebenswahrheit, während die sonstigen, meist auf die Verherrlichung derselben bezüglichen Darstellungen der Rückseiten sich durch Grossartigkeit der Composition und durch künstlerische Ausführung auszeichnen. Zu den schönsten Werken Pisano's gehören die Medaillen auf Johannes VIII. Paläologus, den vorletzten Kaiser von Costantinopel, Alphons den Weisen, König von Neapel und Malatesta Novellus. Sämmtliche vorbezeichnete Medaillen sind durch die Aufschrift OPVS · PISANI · PICTORIS als Werke Pisano's gekennzeichnet. Andere Künstler der in Rede stehenden Periode, welche bis in die erste Hälfte des sechszehnten Jahrhunderts reicht, waren Matthaeus de Pastis, Sperandeus, Andreas Guazalotti, Johannes Boldu, Marescotto etc.

In Deutschland entwickelte sich die Medaillenkunst erst im sechszehnten Jahrhundert mit Beginn der Renaissance, also weit später als in Italien, und zwar waren es bei uns meist die Goldschmiede, welche diese Kunst ausübten. Die Herstellung der deutschen Medaillen dieser Zeit erfolgte ebenfalls durch Guss, und zwar schnitt man zu diesem Behufe Modelle aus Speckstein, Holz oder anderem weichen Material. Dann fertigte man nach diesen Modellen Formen an, goss in dieselben Metall und unterwarf schliesslich die solchergestalt gewonnenen Copien einer leichten Ciselirung. Die deutschen Medaillen der Renaissancezeit sind grösstentheils Portraitmedaillen und erregen durch die lebenswahre und charakteristische Auffassung der Bildnisse, zierliche Ausführung und sinnige Darstellung der Kehrseite noch heut unsere Bewunderung. Sie wurden in edlen wie unedlen Metallen, aber immer gleich schön hergestellt und dienten vornehmlich zu Geschenken; die von geringerem Metall widmete man sich gegenseitig zur Erinnerung, etwa wie heutigen Tages die Photographien; die von edlem Metall dienten als Angebinde der Pathen, oder wurden von den Fürsten als „Gnadenpfennige“ verliehen und an goldenen Ketten auf der Brust, am Barett oder auf andere Art als Schmuck getragen.

Während in Italien die Medaillenkunst unter dem Schutze kunstliebender Fürsten sich zu hoher Blüthe entwickelte, fand dieselbe in Deutschland vorzugsweise in den freien Reichstädten ihre Heimstätte und wurde dort von den reichen Patriciern gepflegt. Aber auch von manchen kunstsinnigen deutschen Fürsten besitzen wir aus der Renaissancezeit höchst kunstvolle Bildnissmedaillen, so namentlich von Albrecht von Brandenburg, Cardinal und Kurfürst von Mainz, ferner von den Pfalzgrafen in Heidelberg und von den sächsischen Fürsten. Unter den Städten sind es besonders Augsburg und vor Allem Nürnberg, welche die ausgezeichnetsten Medailleure besassen. Auch von Albrecht Dürer († 1528), welcher bekanntlich auf verschiedenen Gebieten der Kunst gleich Vortreffliches leistete, giebt es einige (einseitige) Medaillen, namentlich eine mit dem Brustbilde des Vaters des Künstlers und eine mit einem von vorn und im flachsten Relief meisterhaft dargestellten weiblichen Kopf, in welchem man das Portrait von Dürers Frau, Agnes Frei, hat erkennen wollen. Im Uebrigen sind uns die Namen der Künstler aus der Zeit der deutschen Renaissance zum grossen Theil unbekannt, da sie dieselben fast nie auf die Medaillen setzten und ihre Monogramme, welche wir öfter auf ihren Werken finden, zum Theil noch der Erklärung harren. Bekannt sind als Medailleure ersten Ranges des sechszehnten Jahrhunderts ausser Dürer vornehmlich die Nürnberger Peter Vischer der Jüngere und Hans Schwarz, von welchem letzteren eine grosse Reihe schöner Portraitmedaillen erhalten ist, darunter die mit dem vielfach copirten Bildniss Albrecht Dürers, ferner Hans Dollinger, Friedrich Hagenauer, welcher in Augsburg, später in Cöln thätig war und zahlreiche Medaillen auf Augsburger Patricier, geistliche wie weltliche Fürsten und Herren, sowie auch solche auf die Reformatoren gefertigt hat, Jacob Stampfer aus Zürich, Hans Reinhard der Aeltere, ein berühmter sächsischer Künstler, von welchem namentlich schöne Medaillen auf Johann Friedrich von Sachsen und Kaiser Karl V. bekannt sind (VIII. 106), Jacob Binck (Medaille auf Albrecht von Preussen und seine zweite Gemahlin Anna Maria), Valentin Maler, ein sehr fruchtbarer Nürnberger Künstler, welcher ausser Gussmedaillen auch geprägte Schaumünzen anfertigte und der Breslauer Goldschmied Tobias Wolff, welcher im Jahre 1574 vom Kurfürsten August von Sachsen nach Dresden berufen wurde und dessen vorzügliche Arbeiten erst neuerdings an's Licht gezogen worden sind. Im Allmeinen begann jedoch die Modellirkunst gegen Ende des sechszehnten Jahrhunderts allmählich zu sinken. Gleichzeitig ging man dazu über, immer mehr von der Prägung der Medaillen Gebrauch zu machen, bis schliesslich mit Beginn des siebzehnten Jahrhunderts die Sitte, die Medaillen im Wege des Gusses und der Ciselirung herzustellen, fast ganz verschwand und damit auch die frühere Eigenartigkeit und Freiheit der Kunst verloren ging. Unter den demnächst geprägten deutschen Medaillen sind zwar noch viele, wie namentlich diejenigen von Dadler, Wermuth, J. Höhn, den Fortschritten der Gravir- und Prägekunst entsprechend, von recht guter Arbeit, doch stehen sie vom künstlerischen Standpunkte aus, den Erzeugnissen der Renaissancezeit nach. Im Uebrigen verbreitete sich, während von den Künstlern der früheren Zeit vorzugsweise Bildnissmedaillen gefertigt wurden, im siebzehnten Jahrhundert immer mehr der Gebrauch, Medaillen auf geschichtliche und sonstige merkwürdige Ereignisse, als: Pestilenzen, Brände, theure Zeiten u. s. w. zu prägen. Namentlich führte der religiöse Sinn der Deutschen zu der Sitte, allegorische Darstellungen und solche aus der biblischen Geschichte vielfach auf die Medaillen zu bringen. Es entstanden daraus die sogenannten Tauf-, Hochzeits-, Abendmahls-, Christfest- etc. Medaillen, mit welchen man sich an den betreffenden Tagen beschenkte. Da ferner derartige Medaillen, auch wenn sie von Privatpersonen herrührten, häufig nach dem Schrot und Korn der Currentmünzen geprägt wurden, so kamen sie gleich letzteren häufig in Umlauf und wurden dann je nach dem Metalle, aus welchem sie hergestellt waren, Taufthaler, Hochzeitsducaten u. s. w. genannt.

Die Medaillen des achtzehnten Jahrhunderts, insbesondere diejenigen der Zopfzeit, sind meist schlecht und geschmacklos ausgeführt und nur noch durch die auf denselben dargestellten Personen und Ereignisse von einigem Interesse. Ersteres gilt namentlich von vielen auf Friedrich den Grossen geschlagenen Medaillen, sowie von den zahlreichen Spottmünzen dieser Zeit. Seit Anfang dieses Jahrhunderts hat die Medaillenkunst wieder einen bemerkenswerthen Aufschwung genommen.

Wichtige Werke über Medaillenkunde sind Heraeus, Bildnisse der regierenden Fürsten und berühmten Männer vom vierzehnten bis achtzehnten Jahrhundert in einer Folgereihe von Schaumünzen, Wien 1826, sowie die Prachtwerke von J. Friedländer, die italienischen Schaumünzen des fünfzehnten Jahrhunderts und Aloïss Heiss: *Les medailleurs de la renaissance.* Auch befindet sich im Band XII der Zeitschrift für Numismatik von A. von Sallet ein grösserer, interessanter Aufsatz über die deutschen Medailleure des sechszehnten und siebzehnten Jahrhunderts von Adolf Ermann.

§ 33.

Die Technik der Münzprägung.

Ueber die Art und Weise, in welcher die ältesten (griechischen und kleinasiatischen) Münzen hergestellt wurden, fehlt es uns gänzlich an schriftlichen Ueberlieferungen. Nach den angestellten Untersuchungen und wie der Augenschein lehrt, kann indessen die Herstellung der gedachten Münzen kaum in anderer, als in der im § 5 beschriebenen Weise stattgefunden haben. Es ist möglich, dass bei diesem Verfahren der Unterstempel, um das Verschieben oder Wegspringen des Schrötlings beim Prägen zu verhindern, vertieft und zwar dergestalt eingelassen war, dass der überstehende Rand demselben noch gestattete, sich unter der Wucht der Schläge seitlich auszudehnen. In erster Linie hatten aber jedenfalls die scharfen Kanten des eisernen oder stählernen Stempels, welche die quadratischen Eindrücke (das *quadratum incusum*) auf den Münzen hervorbrachten (I. 1, 2) den Zweck, die Schrötlinge festzuhalten. Ob man Letztere in kaltem oder in glühendem Zustande prägte, möge dahingestellt bleiben. Ersteres war, wenn auch schwieriger, so doch möglich, da die Metalle ursprünglich möglichst rein vermünzt wurden und in Folge dessen genügende Weichheit besassen, um beim Schlage das Bild des Stempels aufzunehmen, die Dehnbarkeit der Metalle auch noch durch vorheriges Ausglühen derselben erhöht werden konnte. Ungleich leichter und besser musste indessen die Prägung ausfallen, wenn man die Schrötlinge in rothglühendem Zustande auf den Amboss legte. Jedenfalls wurde die obenbeschriebene Art der Münzprägung aus freier Hand, wenn sie auch im Laufe der Zeit kleine Verbesserungen erfahren mochte, von den alten Griechen im Wesentlichen unverändert beibehalten, denn zu wie hoher Entwickelung auch die Stempelschneidekunst bei denselben allmählich gelangte, so blieb doch die Gestalt ihrer Münzen nach unseren heutigen Begriffen stets eine mehr oder weniger unförmige. So sind dieselben oft nichts weniger als kreisrund, mit beim Prägen entstandenen Sprüngen versehen und bei gleichem Werth und Gewicht von sehr verschiedener Grösse und Stärke; der Abdruck des Stempels deckt nicht immer genau den Schrötling und es ist daher ein Theil desselben manchmal ohne Prägung, während auf der entgegengesetzten Seite ein Theil des Münzbildes fehlt (I. 7, 9); die Münze ist, wenn der obere Stempel nicht gut aufgesetzt oder der Schlag nicht gerade geführt worden war, auf der einen Seite dicker oder von weniger klarer Prägung, als auf der entgegengesetzten Seite.

Bei den ältesten römischen Kupfermünzen war in Folge ihrer Grösse die vorbeschriebene Prägeweise natürlich nicht gut anwendbar. Man goss daher die Münzen, wie an den noch vorhandenen Gusszapfen zu erkennen ist (II. 15, 16), und gebrauchte dazu Sand- oder Thonformen. An manchen Stücken sind auch Spuren von zwei Gusszapfen bemerkbar, woraus zu schliessen ist, dass man eine Reihe Formen durch Gusskanäle mit einander verband und auf diese Weise mehrere Münzen zugleich herstellte. Ebenso giebt es Stücke, bei deren Guss die Form der Haupseite nicht genau über der Form der Rückseite gelegen haben mag, da der Rand der ersteren über den der letzteren etwas hervorragt, oder umgekehrt. Als das Kupfergeld reducirt wurde und die Silberwährung aufkam, ging man dazu über, die Münzen im Wege der Prägung herzustellen. Die auf uns gekommenen Nachrichten über die Prägetechnik der Römer sind indessen ebenfalls äusserst dürftig und wenn auch anzunehmen ist, dass die Prägung im Wesentlichsten aus freier Hand erfolgte, so zeigen doch die im Allgemeinen gut und gleichmässig geprägten Denare etc., dass man es in der Münzkunst zu einem verhältnissmässig hohen Grade der Vollkommenheit gebracht und sich dabei zweckentsprechend construirter Werkzeuge und Instrumente bedient hat.

Es giebt einen für die Geschichte der Prägetechnik der Römer höchst interressanten, etwa aus dem Jahre 710 der Stadt herrührenden Denar des Münzmeisters T. Carisius, welcher auf der einen Seite die Aufschrift MONETA und den Kopf der Juno Moneta, in deren Tempel sich ursprünglich die Münzstätte befand, zeigt. Auf der andern Seite sind folgende Prägewerkzeuge dargestellt: ein Amboss, ein Hammer und eine kleine Zange. Der Letzteren bediente sich der *suppostor* genannte Münzarbeiter, welchem es oblag, den glühenden Schrötling zwischen die Stempel zu legen, wonächst ein anderer Arbeiter, der *maleator*, den Schlag auszuführen hatte. Das Geschäft, den Schrötling in die richtige Lage zu bringen, erforderte natürlich eine gewisse Uebung und Geschicklichkeit, namentlich wenn es nicht gelang, mit einem Schlage des Hammers ein gutes Gepräge zu erzielen und das Stück deshalb wiederholt geglüht und zwischen die Stempel gelegt werden musste. Man scheint sich daher auch eines andern Werkzeuges nach Art einer Flachzange bedient zu haben, in deren innern Flächen die Münzbilder vertieft eingegraben oder die Stempel eingelassen waren, und mittels welcher man das dazwischen geschobene Metallstück dergestalt festhielt, dass mehrere Schläge, ohne dasselbe zu verrücken, auf die Münzzange geführt werden konnten.*) Die Schrötlinge selbst wurden bei den Römern, wie aus der Stärke der Münzen und den abgerundeten Rändern derselben hervorgeht, gegossen. Das Gleiche war wohl bei allen Münzen des Alterthums der Fall; nur die grossen Bronzemünzen der Lagiden besitzen einen zwar schiefen, aber regelmässigen und scharfen Rand, so dass die Annahme berechtigt ist, dass man bei denselben die Schrötlinge, ebenso wie es heutigen Tages zu geschehen pflegt, mittels Durchstossens aus den Zainen herstellte, oder dass man sie nachträglich abdrehte. Ebenso tragen die letztgedachten Münzen zum Theil eine Vertiefung in der Mitte, welche entweder von einem aus dem Prägestempel hervorragenden und zum Festhalten des Schrötlings bestimmten Zäpfchen herrührt oder durch das Einklemmen des Schrötlings beim Abdrehen entstanden sein muss.

Eine weitere Bereicherung unserer Kenntniss der römischen Prägetechnik zur Kaiserzeit bietet ferner eine kleine Prägemaschine, welche J. Friedländer in dem Museum von Lyon gesehen und unter Beifügung einer Skizze in der Zeitschrift für Numismatik von

---

*) Die Abbildung eines solchen Münzwerkzeuges findet sich unter Anderem in Ackermann's *Roman Coins Vol. I. pl. 14.*

A. von Sallet, Band V, Seite 121 beschrieben hat. Die gedachte Maschine ist in Lyon selbst gefunden worden und hat zur Prägung eines Aureus der jüngeren Faustina gedient. Sie besteht aus zwei viereckigen, eisernen Prismen von zusammen etwa 16—18 cm Länge und von 3—4 cm Stärke. Der untere Theil hat in etwa $^{3}/_{4}$ Höhe einen Absatz, von welchem ab die Mächtigkeit etwas geringer ist. Auf der oberen Fläche desselben ist der Stempel für die Kehrseite der Münze eingravirt. Der obere Theil der Maschine ist unten hohl und bildet eine viereckige Röhre, welche auf das untere Stück genau passt. Auf dem Boden der letzteren befindet sich der Stempel für die Vorderseite der Münze. Das Ganze hat also eine gewisse Aehnlichkeit mit einem viereckigen Pennal oder einer eben solchen länglichen Büchse, deren untern Theil man sich ausgefüllt denken muss. Man legte nun den Schrötling auf den untern Theil der Maschine und stülpte das obere Stück darüber. Dann stellte man das Ganze auf den Amboss, hielt es mit der Linken fest und schlug mit dem Hammer auf die Oberfläche, so dass der Schrötling das Bild des Stempels auf beiden Seiten aufnahm. Die Vorrichtung hatte also den Vortheil, dass sie das Wegspringen und Vorrücken des Schrötlings verhinderte und in Folge dessen mehrere Schläge gestattete, doch musste die Höhlung im obern Theile der Maschine weit genug sein, um dem Metall unter der Wucht der Schläge den erforderlichen Raum zur Ausdehnung in die Breite zu gewähren.

Es leuchtet ein, dass, wenn auch die vorbeschriebenen Prägemethoden ausreichten, Denare und Goldstücke, also Münzen von verhältnissmässig geringem Umfange herzustellen, das gleiche Verfahren doch nicht bei den römischen Grossbronzen angewendet werden konnte. Zieht man dabei noch in Betracht, dass gerade die Münzen der letztgedachten Gattung oft von unvergleichlicher Schönheit und Zierlichkeit des Gepräges sind, so drängt sich uns unwillkürlich die Vermuthung auf, dass die Römer zu ihrer Herstellung sich ganz besonders eingerichteter Maschinen bedient haben müssen. Zeugnisse dafür besitzen wir indessen nicht, und man nimmt daher an, dass die Bronzeschrötlinge, wenigstens zu Anfang, wo das Relief der Münzen höher war, als in der späteren Zeit, gleich beim Guss für die nachfolgende Prägung vorbereitet, also dergestalt gegossen wurden, dass der blosse Schrötling schon ein rohes Bild des der Münze zu gebenden Gepräges bot. Bestärkt wird diese Ansicht durch den Titel, welchen die römischen Münzmeister führten: *tresviri auro, argento aeri flando feriundo*, wobei das dem *ferire*, schlagen, vorgesetzte *flare*, giessen, auf die dem eigentlichen Prägegeschäft verangehende Manipulation des Giessens hindeutet. Immerhin muss Ersteres, namentlich bei einem wiederholten Ausglühen der vorgegossenen Stücke, besonders schwierig gewesen sein, wenn dieselben ohne eigens für diesen Zweck construirte Apparate in richtiger Lage zwischen die Prägestempel gebracht werden sollten.

Ueber die Art der Herstellung der gefütterten Denare, *denarii subaerati* (vergleiche § 13) war man bisher ebenfalls im Unklaren. von Ernst sagt indessen in seiner Abhandlung über die Kunst des Münzens (Wiener numismatische Zeitschrift, Jahrgang XII, Seite 47) von einem in dieser Beziehung angestellten Versuche: „Er tauchte eine rothglühend gemachte Kupfermünze in flüssiges Silber und diese überzog sich so vollkommen mit letzterem, dass, als sie geprägt worden, der Silberüberzug ebenso fest haftete, und die Münze dasselbe Aussehen darbot, wie die von Lenormant bewunderten monnaies fourrées.“ Diese Erklärung erscheint sehr glaublich und natürlich, namentlich wenn man bedenkt, dass Silber äusserst dehnbar ist und dass selbst schwach verkupferter Eisendraht, wenn er nach der Verkupferung gezogen wird, sein ursprüngliches Aussehen behält.

Der Verbrauch an Prägestempeln war bei den Römern, wie die ungemein vielen Stempelverschiedenheiten der Münzen ein und desselben Kaisers oft beweisen, ungemein gross. Es erklärt sich dies daraus, dass man zu den Stempeln oft zu weiches Material und, wie die Funde beweisen, selbst Bronze verwandte, dass sie aus diesem Grunde und in Folge der Mangelhaftigkeit des Prägeverfahrens sich sehr schnell abnutzten und dass man bei der Langsamkeit des letzteren und dem grossen Bedarf an Münzen jedenfalls gezwungen war, gleichzeitig mit vielen Stempeln zu prägen. Die auf uns gekommenen Stempel tragen zum Theil an der gravirten Fläche einen über dieselbe hervorragenden Rand, welcher offenbar dazu bestimmt war, das Fortspringen des Schrötlings beim Prägen zu verhindern. Das Graviren des Stempels musste natürlich viel Zeit und Mühe erfordern, doch scheint man sich, wie Markl im achten Bande der Wiener numismatischen Zeitschrift nachweist, wenigstens bei Herstellung der Köpfe der Kaiser, später einer Art Senkungsverfahrens*) bedient zu haben, da zwischen denselben zuweilen eine vollkommene, auf andere Weise nicht zu erzielende Gleichheit herrscht, während Umschrift und sonstige Beizeichen von einander abweichen und daher aus freier Hand mögen nachgravirt worden sein. Jedenfalls erforderten der grosse Bedarf an Stempeln, die Unvollkommenheit der Technik und die Mangelhaftigkeit der Hülfsmittel eine ausserordentlich grosse Menge von Münzarbeitern. Wie gross die Zahl derselben gewesen sein muss, lässt sich daraus schliessen, dass bei der

*) Vergl. Luschin von Ebengreut: Ueber das Alter des Senkungsverfahrens bei Anfertigung von Münzstempeln. Wiener numismatische Zeitschrift, Band XIV.

Unterdrückung eines Aufstandes der Münzarbeiter in Rom unter der Regierung Aurelians deren allein 7000 im offenen Strassenkampfe umkamen.

Mit dem Untergange des römischen Reiches gerieth die Münzkunst, welche, wie wir bereits früher gesehen haben, schon in der letzten Zeit des Bestehens desselben sehr vernachlässigt worden war, ganz in Verfall. Sie gelangte auch nach Beendigung der Völkerwanderung und nachdem sich die staatlichen Verhältnisse in Europa consolidirt hatten, während des ganzen Mittelalters nicht im Entferntesten wieder auf die hohe Stufe, welche sie im Alterthum eingenommen hatte. Das Verfahren bei der Münzprägung im Mittelalter war im Wesentlichen dasselbe wie in der ältesten Zeit: man schlug also die Münzen aus freier Hand mit dem Hammer und es rührt daher der noch heute für „Münzen prägen" vielfach im Gebrauch befindliche Ausdruck „Münzen schlagen". Dagegen wurden die Schrötlinge nicht mehr, wie früher, gegossen, sondern dadurch hergestellt, dass man sie aus gegossenen und dünn gehämmerten Zainen mit der Scheere ausschnitt oder mit der Zange oder sonstigen anderen Instrumenten ausriss. Die Münzbeamten und Münzarbeiter der deutschen Könige bildeten in der ältesten Zeit förmliche Genossenschaften, welche besondere Rechte und Previlegien besassen. Die Stempelschneidekunst stand im Allgemeinen auf einer sehr tiefen Stufe und hob sich in Deutschland nur vorübergehend in der ersten Zeit der Bracteatenprägung. Ueber Letztere haben wir bereits im § 26 eingehend gesprochen.

Ein anschauliches Bild von der mittelalterlichen Münzprägung bietet ein im Geheimen Staatsarchiv zu Dresden aufbewahrtes Siegel der Münzerhausgenossen in Kuttenberg, welches nach einer im Heft II, Seite 133 der Mittheilungen der numismatischen Gesellschaft in Berlin befindlichen Abbildung hier reproducirt ist.

Auf demselben sieht man einen in seiner Werkstatt sitzenden Münzarbeiter und vor ihm einen Amboss mit dem Unterstempel, auf welchem der Schrötling liegt. Mit der Linken hält er den auf letzteren aufgesetzten Oberstempel fest, während er mit der Rechten den (auf dem Siegel allerdings etwas klein ausgefallenen) Hammer erhebt, um den Schlag zu führen. Links von dem Arbeiter steht ein Tisch mit einer Anzahl von Schrötlingen, rechts eine Art Zählbrett, auf welchem die bereits geprägten Stücke liegen.

Diese einfache Prägeweise wurde nicht nur während des ganzen Mittelalters, sondern selbst noch im sechszehnten und siebzehnten Jahrhundert beibehalten, wenigstens sehen wir auf dem im § 31 beschriebenen Bilde den mit der Anfertigung von Münzen beschäftigten Mann die Manipulationen des Prägens genau so, wie eben beschrieben, ausüben. Bei den Thalern und sonstigen grossen Münzsorten war es allerdings, da die Hammerschläge mit besonderer Gewalt geführt werden mussten, für einen Arbeiter nicht mehr möglich, das Prägegeschäft allein zu verrichten, sondern es musste mindestens ein Arbeiter den oberen Stempel festhalten, während ein zweiter den schweren Hammer führte. Vielleicht bediente man sich auch dabei einer Art Fallhammer. Ferner ging man im sechszehnten Jahrhundert dazu über, die Zaine durch Strecken mittels Walzen und die Schrötlinge mittels Durchstossens aus den Zainen herzustellen. Auch zur Prägung bediente man sich im siebzehnten und zu Anfang des achtzehnten Jahrhunderts, namentlich in österreichischen Münzstätten, grosser Walzen, in welche eine Anzahl Münzstempel eingelassen waren. Es erklärt sich hieraus die ein wenig gebogene Form, welche die aus dieser Zeit herrührenden Münzen zum Theil haben. Dann kamen in den Münzanstalten allmählich weitere Zeit und Menschenhände ersparende Maschinen, so namentlich im siebenzehnten Jahrhundert die Spindel- und, wenn ich nicht irre, Anfangs dieses Jahrhunderts die Kniehebelpressen in Gebrauch, bis sich schliesslich die Prägetechnik zur heutigen Vollkommenheit entwickelte.

§ 34.

Münzfälschungen.

Als die älteste uns bekannte Münzfälschung ist die bereits in den §§ 13 und 14 besprochene Herstellung der römischen *denarii subaerati* anzusehen, gleichviel ob dieselbe von Falschmünzern oder unter staatlicher Autorität erfolgt ist. Auch unter den griechischen Münzen Unteritaliens finden sich ziemlich häufig solche von unedlem Metall mit einem dünnen Ueberzuge von Silber. Die in der späteren römischen Kaiserzeit vorkommenden gegossenen Silbermünzen von ganz schlechtem Gehalt geben ebenfalls der Vermuthung Raum, dass dies Falschstücke sein können. Thatsächlich sind auch vor mehren Jahren in Trier zahlreiche, aus gebranntem Thon hergestellte und mit Gusslöchern versehene Formen zu Münzen aus den Jahren 193—235

n. Chr. (des Septimius Severus, der Julia Domna, des Caracalla, Geta, Mecrinus, Elagabalus, der Julia Paula, Julia Maesa, des Alexander Severus und der Mamaea) gefunden worden, welche als Werke von Falschmünzern angesehen werden können.*)

Aus dem Mittelalter ist uns über Münzfälschungen nicht viel bekannt. Dass es aber auch damals Falschmünzer gab, beweisen die Urkunden, nach welchen auf Münzverbrechen die härtesten Strafen gesetzt waren.

Während im Alterthum und im Mittelalter die Münzfälschungen offenbar nur den Zweck hatten, dem Fälscher dadurch einen Gewinn zu verschaffen, dass er gangbare Münzen aus minderwerthigem Metall herstellte und in den allgemeinen Verkehr brachte, tritt mit Beginn der Neuzeit eine andere, und zwar für den Numismatiker viel gefährlichere Art der Münzfälschung in die Erscheinung. Als nämlich das Interesse für die Münzkunde erwachte (§ 35) und man anfing, namentlich in Italien, antike römische Münzen zu sammeln, kam man, um der Nachfrage nach seltenen Stücken zu genügen, auf den Gedanken, Nachahmungen von denselben anzufertigen. Es geschah dies namentlich in Padua, wo zuerst Cavinus um 1550 nach echten antiken Münzen, vorzugsweise nach Grossbronzen römischer Kaiser neue Stempel schnitt und mittels derselben Copien herstellte. Man nennt diese Nachahmungen, welche insofern künstlerischen Werth besitzen, als sie nicht von den Originalen abgegossen, sondern mittels eigens zu diesem Zweck gefertigter, von tüchtigen Künstlern geschnittener Stempel geprägt sind, Paduaner. Auch ist anzunehmen, dass Cavinus seine Arbeiten keineswegs verleugnete oder eine Täuschung mit denselben beabsichtigte. Bald ahmten ihm indessen Andere in betrügerischer Absicht

*) F. Hettner, römische Falschmünzerformen, gefunden in Trier. Jahrbücher des Vereins von Alterthumsfreunden im Rheinlande. Heft LXX.

nach und verbreiteten ihre mehr oder minder täuschend hergestellten Producte als echte Antiken. Man ging sogar so weit, dass man, um das Interesse der Münzsammler zu erregen, neue Stempel erfand, oder Gepräge herstellte, deren Vorder- und Rückseite nicht zusammengehörten und verschiedenen Münzen nachgeahmt waren. Durch diese Nachprägungen sind früher, namentlich wenn man den Münzen auch noch künstlich ein alterthümliches Ansehen gegeben hatte, viel Irrthümer veranlasst worden. Es ist jedoch im Laufe der Zeit gelungen, dieselben aufzuklären und kein Kenner wird sich heut noch durch diese Fälschungen täuschen lassen.

Ueber die Münzverfälschungen und die Falschmünzerei der späteren Zeit, insbesondere über die Kipperzeit haben wir bereits im § 31 gesprochen. Immerhin haben die zu geringhaltig ausgebrachten Münzen, wenn sie unter der Autorität des betreffenden Münzherrn geschlagen waren, einen numismatischen und die Kippermünzen wenigstens einen historischen Werth. Dagegen kann man dies selbstverständlich nicht von den Erzeugnissen der wirklichen Falschmünzer sagen, sowie von solchen Falschstücken, welche lediglich zu dem Zweck hergestellt sind, um den Sammler zu täuschen. Die letztere Art der Fälschung unterscheidet sich von der gewöhnlichen Falschmünzerei dadurch, dass sie sich, nicht wie diese, mit der Herstellung gangbarer Münzen aus unedlem Metall zum Zweck der Uebervortheilung des grossen Publikums befasst, sondern in der Regel die Nachahmung älterer Münzen, namentlich solcher von besonderer Seltenheit, welche nur für den Sammler mehr oder minder Werth haben, zum Gegenstande hat. Der Fälscher alter und seltener Münzen wird sich auch, soweit es sich um solche aus edlem Metall handelt, wohl hüten, unedles Metall zu seinen Fälschungen zu verwenden, da gegenüber dem oft sehr hohen Werthe der Münzen das Metall keine Rolle spielt und der Betrug sofort entdeckt werden würde, sondern er wird eher bemüht sein, die betreffenden Stücke ebenso wie in der Prägung auch im Gehalt möglichst genau nachzuahmen, da selbst ein kleiner Unterschied hierin dem Kenner leicht ein Mittel bietet, den Betrug zu entdecken. Der grösste Münzfälscher der Neuzeit, welcher es zu einer traurigen Berühmtheit gebracht hat, war Carl Wilhelm Becker in Offenbach, gestorben 1830. Das Gefährliche seines Verfahrens bestand darin, dass er die Falschstücke nicht im Wege des Gusses herstellte, sondern mit nach echten Stücken eigens von ihm geschnittenen Stempeln prägte, wobei er, um die Täuschung möglichst vollständig zu machen, häufiger vorkommende antike Gold- und Silbermünzen als Schrötlinge benutzte und noch weitere Mittel anwandte, um seinen Erzeugnissen ein möglichst altes Ansehen zu geben. Da Becker selbst ein tüchtiger Münzkenner und ausserdem ein äusserst geschickter Stempelschneider war, so wurde sein Betrug lange Zeit hindurch nicht entdeckt. Allmählich wurde man jedoch auf Becker aufmerksam und es gelang, ihm eine grosse Reihe von Fälschungen nachzuweisen. In Pinder, Die Beckerschen falschen Münzen, Berlin 1843, sind nicht weniger als 331 verschiedene, grösstentheils antike Münzen aufgeführt, welche von Becker gefälscht sind.

Weit leichter als die geprägten, sind die im Wege des Gusses hergestellten falschen Münzen zu erkennen. Während nämlich zur Feststellung der Fälschungen von Münzen ersterer Art umfassendere numismatische Kenntnisse, namentlich genaue Bekanntschaft mit den Eigenthümlichkeiten des Stempelschnitts der betreffenden Künstler und dem Charakter der auf den Münzen vorkommenden Schrift, vor Allem aber ein geübtes Auge gehören, um ohne Zuhülfenahme eines echten Stückes die manchmal äusserst geringfügigen Abweichungen zu erkennen, welche auf den mit nachgravirten Stempeln geprägten Münzen vorkommen, verrathen sich die durch Guss hergestellten Nachahmungen von im Wege der Prägung gefertigten Stücken auch dem Auge des weniger Geübten durch leichter erkennbare Merkmale. So ist namentlich die Oberfläche gegossener Münzen meist rauh und körnig, ein Mangel, den der Fälscher durch Ueberarbeitung mit dem Polierstahl, durch Beizen, oder bei antiken Bronzemünzen auch durch einen Ueberzug von Lack oder dergl. bisweilen zu verbergen sucht; die Bilder, besonders aber die Schrift zeigen stumpfe Umrisse und geben dem ganzen Gepräge ein weniger scharfes Aussehen; auf der Oberfläche befinden sich Schwindstellen und Gussbläschen. Letztere sind die am meisten in die Augen fallenden charakteristischen Merkmale des Gusses, welche auch durch künstliche Mittel nicht entfernt werden können.

§ 35.

Geschichte der Münzkunde.

Die alten Griechen und Römer haben sich mit dem Sammeln von Münzen zu wissenschaftlichen Zwecken nicht befasst, wenigstens fehlt es uns an jeder Nachricht darüber. Im Mittelalter war Italien das erste Land, in welchem man Interesse für die Münzkunde gewann und mit dem Sammeln von Münzen begann. So wissen wir, dass schon Petrarca (um 1360) und Cosmo von Medici Münzsammlungen besassen. Demnächst breitete sich das Interesse für die Münzkunde auch in Spanien, Frankreich, den Niederlanden und Deutschland aus. Namentlich waren es in diesen Ländern die Fürsten und Herren, welche zuerst Münzsammlungen anlegten, doch folgten auch bald Privatpersonen, Künstler und Gelehrte diesem Beispiel. Den besten Beweis für das Umsichgreifen des Sammeleifers liefert der Umstand, dass man, um der Nachfrage nach seltenen Stücken zu genügen, schon im sechszehnten Jahrhundert sich damit befasste, Nachahmungen von denselben, die sogenannten Paduaner (s. § 34) anzufertigen.

Darüber, in wie weite Kreise der Sammeleifer bereits im sechszehnten Jahrhundert gedrungen sein muss, giebt uns Serrure in der Einleitung zu seinem Werke *Notice sur le cabinet monétaire de S. A. le prince de Ligne, Gand 1847*, interessante Aufschlüsse. Derselbe erzählt, wie Hubertus Goltzius, ein berühmter Kupferstecher (geboren 1526 in Venloo, gestorben 1583 in Brügge) wiederholt grosse Reisen durch Belgien, Holland, Deutschland und Frankreich lediglich zu dem Zwecke unternahm, um die zahlreichen numismatischen Kabinete in diesen Ländern zu besichtigen. In Deutschland besuchte er u. A. die Städte Xanten, Mörs, Duisburg, Kaiserswerth, Düsseldorf, Neuss, Cöln, Mainz, Frankfurt a. M., Würzburg, Wien, wo er dem Kaiser vorgestellt wurde und unter andern berühmten Zeitgenossen den Cardinal Otto Truchsess, die Fugger, Wolfgang Lazius und Peutinger kennen lernte, ferner Basel, Strassburg, Heidelberg, Stuttgart, Tübingen, Ulm, Ingolstadt, Regensburg und München. Die Gesammtzahl der von Goltzius auf seinen Reisen besichtigten, theils Fürsten, theils Privatpersonen gehörigen Münzsammlungen beträgt nicht weniger als 950. Das Ergebniss seiner Forschungen hat Goltzius in einem umfangreichen Werke *de re nummaria antiqua* niedergelegt. Dasselbe enthält zwar vielfache Irrthümer, namentlich leiden viele seiner Abbildungen an Ungenauigkeit und selbst unechte Münzen sind von ihm in sein Werk mit aufgenommen worden. Die zahlreichen von Eckhel später an's Licht gezogenen Fehler Goltzius' verdienen aber eine mildere Beurtheilung, wenn man berücksichtigt, dass er der Erste war, welcher die antike Numismatik, namentlich die griechische, eingehender behandelte, dass er also gewissermassen als der Begründer der numismatischen Literatur zu betrachten ist. Nach Goltzius wurde die antike Numismatik von zahlreichen Gelehrten zum Gegenstande eingehender Forschungen gemacht, so namentlich von Vaillant, Pellerin, Spanheim, Bandurius und Anderen. Die umfangreichste und wissenschaftlichste Bearbeitung fand die antike Numismatik indessen gegen Ende des vorigen Jahrhunderts durch den Abbé Josef Eckhel in Wien. Demselben gebührt das Verdienst, dass er durch kritische Sichtung das Echte vom Unechten schied und dass er die gesammte antike Numismatik in ein wissenschaftlich geordnetes System brachte, welches noch heut allseitig als mustergiltig betrachtet wird. Sein Hauptwerk ist die *doctrina numorum veterum* mit der zu derselben gehörigen Einleitung *elementa rei numariae veterum sive prolegomena doctrinae numorum*. Dasselbe steht noch jetzt fast in allen Theilen unübertroffen da und bildet die Grundlage der neueren Handbücher über antike Numismatik.

Die mittelalterliche und die neuere Münzkunde wurden erst verhältnissmässig spät zum Gegenstande wissenschaftlicher Forschungen gemacht. Wir besitzen zwar bereits aus dem sechszehnten und siebenzehnten Jahrhundert mehrere Handbücher wie *New Müntz-Buech, darinnen allerley gross vnnd kleine, Silberne und Guldene Sorten fürgestellt werden, München bei Adam Berg 1597*, ferner Arend, *Müntz-Buch, darinnen zu besehen die besten und schönsten so wol alte als newe Geldmüntzen, etliche bei des Herrn Christi Zeyten geschlagen etc. Daneben fremder Potentaten Müntzen, Hamburg 1631* und andere mehr, doch sind dieselben offenbar nur zum Gebrauch für Kaufleute, Geldwechsler

u. s. w. bestimmt gewesen. Trotzdem sind diese Münzbücher nicht ohne Werth für die Münzkunde, da in denselben die Abbildungen mancher im Original nicht mehr vorkommender Münzen enthalten sind. Sie dürfen indessen nur mit Vorsicht benutzt werden, da die Abbildungen oft ungenau sind, namentlich aber auf die Grössenverhältnisse bei denselben nicht immer genügend Rücksicht genommen ist. So sind beispielsweise die Goldgulden bisweilen genau in derselben Grösse wie die Thaler gezeichnet, und es ist daher erklärlich, dass durch diese Art der Darstellung, beim Fehlen jeglicher Werthangabe, schon manche Irrthümer herbeigeführt worden sind. Das zuverlässigste der in Rede stehenden Münzbücher, welches sich namentlich durch Reichhaltigkeit und treue Abbildungen auszeichnet, ist noch das von Parys.

Gegen Anfang des achtzehnten Jahrhunderts erwachte in Deutschland das Interesse für mittelalterliche und neuere Münzkunde, und es beginnt daher erst mit diesem Zeitpunkte die auf die gedachten Zweige der Numismatik bezügliche Literatur. Von den in Betracht kommenden Schriftstellern des gedachten Jahrhunderts seien hier nur Olearius, Leuckfeld, von Ludewig, Köhler und Joachim erwähnt. Obgleich ausser den genannten auch noch andere ihrer Zeitgenossen uns zahlreiche Werke hinterlassen haben, so blieb doch die Kenntniss der neueren, namentlich aber der mittelalterlichen Münzkunde bis gegen Anfang unseres Jahrhunderts noch sehr mangelhaft. Letztere erfuhr erst durch Mader (gestorben 1815) eine werthvolle Bereicherung. Seine Werke Kritische Beiträge zur Münzkunde des Mittelalters und Versuche über die Bracteaten sind geradezu bahnbrechend für die Münzkunde des Mittelalters geworden. Seitdem hat dieselbe ebenso wie die antike und die neuere Numismatik zahlreiche vortreffliche Bearbeiter gefunden und wir besitzen jetzt eine in jeder Beziehung so reiche numismatische Literatur, wie sie kaum eine andere Hülfswissenschaft der Geschichte aufzuweisen hat. Am zahlreichsten sind die Werke über einzelne begrenzte Zweige der Numismatik, namentlich über die Münzen einzelner Länder, Städte und Fürsten (Monographien). In Bezug auf die Werke allgemeineren Inhalts verweise ich auf das Vorwort, in welchem eine Reihe derselben von mir aufgeführt ist. Ausserdem giebt es noch zahlreiche vortreffliche Werke rein beschreibenden Inhalts, wie von Mionnet über griechische und römische Münzen, von Cohen: *Description générale de monnaies de la république romaine, Paris 1857*, und *Description historique des monnaies frappées sous l'empire romaine, Paris 1859—1868*, von welchem letzteren Werke gegenwärtig eine neue Auflage erscheint, Babelon: *Description historique et chronologique des monnaies de la république romaine, Paris 1885-86*, ferner die sogenannten Cabinete, welche einzelne Classen von Münzen behandeln, wie Köhler's Ducatencabinet, die Groschencabinete von Götz und Böhme, Neumann's Beschreibung der bekanntesten Kupfermünzen, endlich die Thalercabinete von Madai und von Schulthess-Rechenberg und viele andere. Auch manche Cataloge sind für den Münzsammler von bleibendem Werth, wie namentlich die Cataloge von Thomsen über mittelalterliche Münzen, von Wellenheim über antike, mittelalterliche und neuere Münzen, ferner der Catalog der Schulthess-Rechenberg'schen Sammlung von J. und A. Erbstein, die Cataloge der Reichel'schen Sammlung von B. v. Köhne, der Henckel'schen Sammlung brandenburgischer Münzen von A. Weyl, der Münzen- und Medaillen-Sammlungen von Garthe, der Doubletten des Königlichen Münzcabinets zu Dresden von J. und A. Erbstein, sowie das erst neuerdings unter dem Titel Erörterungen auf dem Gebiete der Sächsichen Münz- und Medaillengeschichte erschienene Verzeichniss der Engelhardt'schen Sammlung von den nämlichen Verfassern, in welchem dieselben ihre neuesten Forschungen über Münzen und Medaillen der sächsischen Fürsten Albertinischer Linie aus der Zeit von 1485—1591 niedergelegt haben. Für den Anfänger sind Rentzmann's numismatisches Legenden-Lexicon und Schlickeisen's Erklärung der Abkürzungen auf Münzen brauchbare Hülfsbücher. Endlich sind auch in der dritten Auflage von Meyer's Conversations-Lexicon unter Münzwesen, Numismatik, Griechische Münzen, Römische Münzen Denkmünzen, Bracteaten kurze, populär gehaltene, aus der Feder von A. von Sallet herrührende Aufsätze über Münzkunde zu finden.

Erläuterung der Münzabbildungen.

1. Aegina. Meerschildkröte. *Rs.* Vertieftes, durch Striche getheiltes Quadrat (*quadratum incusum*). Didrachme ältesten Styls. S. 22.
2. Lesbos. Zwei sich gegenüberstehende Farrenköpfe, dazwischen ein Zweig. *Rs.* Vertieftes Quadrat. Didrachme altertümliches Styls. S. 21.
3. Persien. Der König als Bogenschütze von der rechten Seite, zum Schuss niederknieend, mit bärtigem Gesicht und Krone. Er streckt mit der Linken den Bogen vor und hält in der Rechten den Pfeil. *Rs.* Länglich-viereckiger Stempelabdruck ohne bildliche Darstellung. Golddareike. S. 30.
4. Amphipolis in Macedonien.*) Lorbeerbekränzter Apollokopf von vorn, um den Hals Gewand. *Rs.* Vertieftes Quadrat, in demselben ein von vier erhabenen Leisten gebildetes Quadrat: auf den Leisten steht ΑΜΦΙΠΟΛΙΤΕΩΝ.**) Innerhalb des Quadrats eine brennende Handfackel, rechts unten

*) Nr. 4 bis 7, 9, 12 und 13 gehören zu den schönsten Erzeugnissen griechischer Stempelschneidekunst. Sie zeichnen sich auch durch vorzügliche Erhaltung aus und sind von hohem Werth. Die Originale zu 1, 2, 3, 5 und 14 befinden sich im Königlichen Münzkabinet zu Dresden; Nr. 4, 6, 7, 9, 12 und 13 sind nach galvanoplastischen Abgüssen von Münzen des Königlichen Münzkabinets in Berlin hergestellt. Die bezüglichen Erläuterungen sind aus: Friedländer und von Sallet, das Königliche Münzkabinet in Berlin, zum Theil wörtlich, übernommen.

**) Die Genitivform ist zur Bezeichnung des Landes oder des Orts der Prägung bz. des Münzherrn bei den Münzen des Alterthums sehr gebräuchlich. Es ist dabei *νόμισμα* bz. *numus* zu ergänzen.

im Felde ein A. Tetradrachme, vor Eroberung der Stadt durch Philipp II. 357 v. Chr. geprägt. S. 22.

5. Larisa in Thessalien. Kopf der Larisa, der Tochter des Pelasgos, von vorn, ein Wenig nach links gewendet, mit einem breiten Bande um das lockige Haar. *Rs.* ΛΑΡ(Ι≤)ΑΙΩΝ. Weidendes Pferd, mit Beziehung auf die berühmte thessalische Pferdezucht. Didrachme. S. 22.

6. Corinthische Colonie. Pallaskopf von der rechten Seite mit dem einfachen Helm und der Ledermütze darunter; hinter dem Nacken A. *Rs.* Pegasus; unter demselben kniet ein Satyr. Er hat den linken Vorderfuss des Pegasus aufgehoben und nimmt aus der Hufspalte ein Steinchen. Der Satyr kniet auf dem rechten Knie und hat ein Schwänzchen, aber menschliche Beine. Das A auf der Vorderseite kann Argos, Amphilochium oder eine andere mit Corinth im Münzverbande stehende Stadt bezeichnen. Didrachme. S. 23.

7. Elis. Der Kopf des Adlers des Zeus, darunter ein Blatt. *Rs.* FA. Blitz von einem Kranze umgeben. Tetradrachme. S. 23.

8. Athen. Kopf der Pallas von der rechten Seite von altertümlichem Styl. Der Helm derselben ist mit drei Oelblättern verziert. *Rs.* ΑΘΕ, Eule, Oelzweig und Halbmond als Attribute der Pallas. Tetradrachme. S. 23.

9. Philippus II. von Macedonien 360—336 v. Chr. Lorbeerbekränzter bärtiger Kopf des Zeus von der rechten Seite. *Rs.* ΦΙΛΙΠΠΟΥ. Reitender Knabe, welcher in der Rechten einen langen Palmzweig trägt; unter dem Leibe des Pferdes ein achtstrahliger Stern. Tetradrachme. S. 25.

10. Alexander III. der Grosse 336—323 v. Chr. Unbärtiger Herakleskopf mit dem Löwenfell von

der rechten Seite. *Rs.* ΑΛΕΞΑΝΔΡΟΥ. Thronender Zeus, auf der Rechten den Adler haltend, mit der Linken sich auf das Scepter stützend. Im Felde ein Monogramm, vielleicht den Prägeort oder den Namen des Stempelschneiders andeutend. S. 25.

11. Sybaris. Stehender, den Kopf wendender Stier, darunter ΥΜ (*Συ*) rückläufig und in alterthümlicher Schreibweise. *Rs.* Dieselbe Darstellung vertieft, aber ohne Schrift. Sogenannte incuse Münze von Silber aus der ersten Zeit der Münzprägung in Grossgriechenland. Sybaris wurde im Jahre 510 v. Chr. zerstört. S. 27.

12. Heraclea in Lucanien. Kopf der Pallas von der linken Seite, der Helm ist mit einer die Rechte erhebenden Scylla und mit einer Eule an dem den Nacken bedeckenden Theile geziert. Unter dem Halse Α. Vor dem Kopfe ein Adler, das aufgeprägte Zeichen der Este'schen Sammlung, welcher diese Münze früher angehört hat. *Rs.* ⊢ΗΡΑΚΛΗΙΩΝ. Jugendlicher Herakles, mit dem Löwen kämpfend, daneben Keule und Bogen, oben im Felde Α. Didrachme. S. 28.

13. Syracus. ΣΥΡΑΚ(ΟΣΙΩΝ). Weiblicher Kopf mit Ohrring und Halsband von der linken Seite, mit einem von Getreideblättern gebildeten Kranze, wohl Persephone darstellend, von vier Delphinen umgeben. *Rs.* Eilendes Viergespann, der Lenker hält in der vorgestreckten Rechten den Treibstachel und wird von der entgegenschwebenden Nike bekränzt. Im Abschnitt die Siegespreise im Wettrennen: Harnisch, Beinschienen, Helm, Schild und Lanze. Dekadrachme aus der Zeit von 400—370 v. Chr. S. 29.

14. Jüdischer Sekel, wahrscheinlich in den Jahren 143—135 v. Chr. unter dem Hohenpriester und

Fürsten Simon Maccabäus geprägt. שקל ישראל, Sekel Israels. Kelch, darüber das Regierungsjahr Simons. *Rs.* ירושלים הקדשה, Jerusalem die heilige. Ein Lilienzweig mit drei Blüthen. Die Form der Buchstaben ist den phönicischen und samaritanischen ähnlich. S. 34.

15. Römischer As ältesten Styls, fast vollwichtig gegossen (*aes grave*). Januskopf, darunter das Werthzeichen I quergestellt. *Rs.* Schiffsvordertheil, darüber wieder die Werthbezeichnung I Am obern Rande der Münze sind noch, ebenso wie bei Nr. 16, die Spuren des Gusszapfens bemerkbar. S. 42.

16. Römischer Quadrans ältesten Styls, gegossen. Herculeskopf mit der Löwenhaut bedeckt, daneben die Werthbezeichnung in Kügelchen dargestellt: • • • (Unzen). *Rs.* Schiffsvordertheil, darunter wieder die Werthzahl • • • S. 43.

17. Uncia, nach der ersten Reduction (im Trientalfuss) geprägt. Behelmter Kopf der Roma von der linken Seite, hinter demselben das Werthzeichen • *Rs.* Schiffsvordertheil, über demselben ROMA, unten • S. 44.

18. Sextans, ebenfalls nach reducirtem Fusse geprägt. Kopf des Merkur von der rechten Seite, über demselben • • *Rs.* Schiffsvordertheil, über demselben ROMA, unten • • S. 44.

19. Semis, nach dem Semiuncialfuss geprägt. Kopf des Jupiter mit Lorbeerkranz von der rechten Seite, hinter demselben das Werthzeichen S. *Rs.* Schiffsvordertheil, darüber S, unten ROMA. S. 44.

20. Denar der römischen Republik ältesten Styls. Kopf der Roma mit geflügeltem Helm (die Flügel bezeichnen sie als Victrix), dahinter die Werthzahl X (10 *Asses*). *Rs.* Die Dioscuren zu Pferde,

rechtshin sprengend, mit eingelegter Lanze, Sterne über ihren Hüten; im Abschnitt ROMA. S. 46.

21. Quinar späterer Zeit eines Münzmeisters aus der gens Egnatuleja. G · EGNATVLEI · C · . . . . (die mittelsten Buchstaben sind zusammengezogen), mit Aehren bekränzter jugendlicher Kopf. *Rs.* Victoria ein Tropäum bekränzend, im Abschnitt ROMA (undeutlich). S. 47.

22. Kopf der Roma, dahinter X. *Rs.* Victoria im eilenden Viergespann, im Abschn. ROMA. *denarius bigatus.* S. 47.

23. Jupiterkopf, dahinter S · C. *Rs.* Q · ANTO · BALB PR. (Die Buchstaben ANT und AL sind zusammengezogen.) Victoria mit einem Palmzweige im eilenden Viergespann. *Denarius quadrigatus* mit ausgezahntem Rande (*serratus*), auf Beschluss des Senats (S · C), wonach im Jahre Roms 671 Gold- und Silberschmuck der Tempel zum Solde der Truppen ausgemünzt wurde, vom Prätor Quintus Antonius Balbus geprägt. Denar. S. 47, 77.

24. PAVLLVS LEPIDVS. Kopf der Eintracht mit der Beischrift CONCORDIA. *Rs.* PAVLLVS Der Besieger Macedoniens L. Aemilius Paullus an einem Tropäum stehend, vor ihm der überwundene und in Gefangenschaft gerathene König Perseus mit seinen beiden Söhnen; darüber zur Bezeichnung des dreifachen Triumphes TER. Zur Erinnerung an den Ruhm seiner Vorfahren um das Jahr 700 der Stadt von Paullus Lepidus geprägt, Consul i. J. 720. Denar. S. 48.

25. ROMA. Kopf der Roma. *Rs.* M · METELLVS · Q · F Elephantenkopf auf macedonischen Schilden, von einem Lorbeerkranz umschlossen. Geprägt von Marcus Caecilius Metellus, Sohn des Quintus Metellus Macedonicus auf die Siege seines Vaters über Pseudophilippus im Jahre der Stadt

606 und seines Vorfahren Lucius Metellus über Hasdrubal i. J. d. St. 504 bei Panormus, woselbst er dessen Elephanten erbeutete. Denar. S. 49.

26. C. Julius Caesar. Kopf der Venus, von welcher durch Aeneas nnd dessen Sohn Julus das julische Geschlecht abstammte und die auch Caesar als seine Stammutter verehrte. *Rs.* CAESAR Aeneas, wie er aus den Trümmern von Troja flüchtet, seinen Vater Anchises und das Palladium tragend. Denar.

27. M. Antonius. ANT*onius* AVG*ur* IIIVIR R*ei* P*ublicae* C*onstituendae.* Kriegsschiff. *Rs.* LEG*ionis* XV Legionsadler zwischen zwei Feldzeichen. Denar. Antonius prägte zu Ehren der Truppen seiner See- und Landmacht zahlreiche Münzen mit diesen Typen, auf welchen die verschiedenen Legionsnummern angegeben sind. S. 46.

28. Augustus, 30 v. Chr. — 14 n. Chr. Kopf des Augustus mit Lorbeerkranz CAESAR AVGVSTVS, die weitere Umschrift DIVI F*ilius* PATER PATRIAE fehlt auf dem abgebildeten Exemplar, weil der Schrötling vom Stempel nicht richtig getroffen worden ist. *Rs.* C*ajus* L*ucius* CAESARES AVGVSTI F*ilii* (CO*n*S*ules* DESIG*nati* PRINC*ipes*) IVVENT*utis*. Die Caesaren Gajus und Lucius, des Augustus Adoptivsöhne, im Knabenalter zur Consulwürde designirt und *Principes juventutis* genannt, halten die bei Anlegung der Toga virilis ihnen vom Ritterstande geschenkten silbernen Schilde und Lanzen. Capedunculus und Lituus bezeichnen den älteren als Priester, den jüngeren als Augur. (Vergl. Pinder Nr. 719, 720.) Denar.

29. Augustus. DIVVS · AVGVSTVS · PATER. Kopf des Augustus mit Strahlenkrone. Letztere ist hier nicht als Beizeichen anzusehen, welches den Dupondien der späteren Zeit eigenthümlich ist,

sondern sie bezieht sich ebenso wie das Wort DIVVS darauf, dass Augustus vom Senat unter die Götter versetzt wurde. *Rs.* S*enatus* C*onsulto*, dazwischen eine sitzende allegorische Figur, ein langes Scepter haltend. Nach dem Tode des Augustus vom Senat geprägt.

30. Nero, 54—68 n. Chr. NERO CLAVD*ius* CAESAR AVG*ustus* GERM*anicus* TR*ibunicia* P*otestate* . . . . . Kopf Neros mit Lorbeerkranz. *Rs.* D*e*CVR*sio*. Der Kaiser zu Pferde, vor ihm ein fliehender Feind, hinter ihm ein Soldat mit Lanze. Aureus. S. 53.

31. Vespasianus, 69—79 n. Chr. IMP*erator* CAES*ar* VESP*asianus* AVG*ustus* P*ontifex* M*aximus*. Kopf des Kaisers mit Lorbeerkranz. *Rs.* Priester- und Augurgeräthschaften, darüber AVGVR, unten TRI*bunicia* POT*estate*. Denar.

32. Titus, 79—81 n. Chr. IMP*erator* T*itus* C*aesar* VESP*asianus* AVG*ustus* P*ontifex* M*aximus* TRI*bunicia* P*otestate* COS VIII. Lorbeerbekränzter Kopf des Titus. *Rs.* IVD*aea* CAP*ta*. Ein an einem Palmbaum gefesselter Krieger und die trauernde Judäa; im Abschnitt S C. Sestertius.

33. Hadrianus, 117—138 n. Chr. (IMP*erator* CAESAR) TRAIANVS HADRIANVS AVG*ustus*. Kopf Hadrians mit Lorbeerkranz. *Rs.* (nicht abgebildet) PONT. MAX. TR. POT. COS. III Stehende Fortuna; im Felde S C. Hadrian war der erste Kaiser, welcher einen Vollbart trug. Sestertius.

34. Antoninus Pius, 138—161 n. Chr. ANTONINVS AVG*ustus* PIVS P*ater* P*atriae* TR*ibunicia* P*otestate* COS III. Kopf des Kaisers mit Lorbeerkranz. *Rs.* AVRELIVS CAESAR AVG*usti* PII F*ilius* COS. SC. Jugendliche Büste des von Antonius adoptirten und zum Cäsar ernannten Marc Aurel; geprägt im Jahre 140 n. Chr., in welchem

derselbe zum erstenmal Consul wurde. Sestertius.

35. Derselbe. DIVVS ANTONINVS. Kopf des Antoninus. *Rs.* CONSECRATIO. Adler als Symbol der Vergötterung. Consecrationsmünze. Denar. S. 58.

36. Faustina die Aeltere, Gemahlin des Antoninus Pius. DIVA FAVSTINA. Kopf der vergötterten Kaiserin, das Haar mit Perlenschnüren geziert *Rs.* AVGVSTA. Opfernde weibliche Figur. Denar.

37. Elagabalus, 218—222 n. Chr. IMP*erator* CAESar M*arcus* AVR*elius* ANTONINVS AVG*ustus*. Kopf des Kaisers mit Lorbeerkranz. *Rs.* FIDES EXERCITVS. Sitzende Figur zwischen zwei Feldzeichen, mit der Linken eins derselben, mit der vorgestreckten Rechten einen Adler haltend. Denar.

38. Philippus I., 244—249 n. Chr. IMP*erator* M*arcus* IVL*ius* PHILIPPVS AVG*ustus*. Kopf des Kaisers mit Strahlenkrone. *Rs.* ANNONA AVGG. Annona mit Füllhorn und Aehren. Antoninian. S. 54.

39. Otacilia, Gemahlin des Philippus I. MARCIA OTACIL*ia* SEVERA AVG*usta*. Kopf der Kaiserin mit Diadem. *Rs.* SAECVLARES AVGG (S)C Nilpferd; auf die zur Feier der Ludi saeculares im Circus stattgehabten Thierkämpfe vom Senat geprägt. Bronze.

40. Probus, 276—282 n. Chr. IMP*erator* *Caesar* M*arcus* AVR*elius* PROBVS AVG*ustus*. Büste des Kaisers mit Strahlenkrone. *Rs.* CLEMENTIA TEMP*orum*. Kupfer versilbert, aus der Zeit des Verfalls des Münzwesens in Bezug auf den Gehalt wie auf den Stempelschnitt.

41. Constantius Chlorus, 292—306 n. Chr. FL*avius* VAL*erius* CONSTANTIVS NOB*ilissimums* *Caesar*. Büste des Kaisers mit Lorbeerkranz. *Rs.* GENIO

POPVLI ROMANI. Genius stehend mit Füllhorn und Kranz. Kupfer.

42. Constantin I., 306—337 n. Chr. CONSTANTINVS AVG*ustus*. Kopf des Kaisers mit Lorbeerkranz. Das Bildniss hat nicht den geringsten Anspruch auf Portraitähnlichkeit; der Kopf Constantins ist vielmehr auf den zahlreich von ihm vorhandenen, namentlich den aus entfernten Prägestätten hervorgegangenen Münzen ausserordentlich verschieden dargestellt. *Rs.* SARMATIA DEVICTA. Eilende Victoria, in der Linken einen Palmzweig, in der Rechten ein Tropäum haltend; vor ihr ein hingesunkener Feind. Im Abschnitt P*rima* TR*everica*, erste Prägestätte zu Trier. Kupfer. S. 61.

43. Valentinian I., 364—375 n. Chr. D*ominus* N*oster* VALENTINIANVS P*ius* F*elix* AVG*ustus*. Büste des Kaisers mit Diadem und Mantel um die Schultern. *Rs.* RESTITVTOR REIPVBLICAE. Der Kaiser stehend in Feldherrntracht, hält in der Rechten eine Standarte, in der Linken eine Victoria. Im Felde das Monogramm Christi ☧, zusammengesetzt aus dem griechischen X und P, im Abschnitt ANTI, Prägestätte Antiochia. Solidus. S. 55, 61.

44. Johannes I. Zimisces, 969—976. + ΘЄOT .... IꞶ CЄSP. Brustbild des Kaisers von vorn, ein langes griechisches Kreuz haltend, neben ihm die Jungfrau Maria mit Glorienschein, die Rechte auf das Haupt des Kaisers legend; über der Jungfrau M(*αϑήρ*) Θ(*εοῦ*). *Rs.* + IhS XIS RЄX RЄGNANTIhM. Brustbild Christi mit Glorienschein, in der Hand das Evangelienbuch haltend. Solidus (Byzantiner). S. 70.

45. Basilius II. und Constantinus XI. Porphyrogenitus, 976—1025. +bASIL C COnSTAnTIn...

Die Brustbilder beider Kaiser von vorn, ein langes Kreuz haltend. *Rs.* wie bei Nr. 44. Solidus (Byzantiner). S. 70.

46. Ostgothenmünze. Brustbild Justinians. Umschrift (nicht erkennbar) D*ominus* N*oster* IVSTINIAN*us* AVG*ustus,* Brustbild Justinians. *Rs.* Monogramm, zusammengestellt aus den Buchstaben RDEsc, in einem Kranze. Wahrscheinlich Münze des Königs der Ostgothen Athalarich. Silber. S. 73.

47. Athalarich, 526—534. INVICTA ROMA Kopf der Roma mit Helm. *Rs.* D . N . ATALARICVS. Der König stehend, mit der Rechten einen Speer haltend, mit der Linken auf einen Schild sich stützend. Kupfer. S. 73.

48. Arabischer Dirhem. Die Aufschrift der Vorderseite lautet in Uebersetzung: Es ist kein Gott ausser dem einzigen Gott, welcher keinen neben sich hat. Innere Umschrift: Im Namen Gottes ist diese Drachme geschlagen in Al-Shash im Jahre 289. Aeussere Umschrift: Gott ist die Herrschaft von Anbeginn und in Zukunft und daher freuen sich die Gläubigen im göttlichen Siege. *Rs.* Durch Gott. Muhammed ist der Gesandte Gottes. Al-Motadhed-billah. Ismaïl ben Ahmed. Umschrift aus dem Koran (Sure IX, 33): Muhammed ist der Gesandte Gottes, welchen er geschickt hat u. s. w. Silber. S. 74.

49. Regenbogenschüsselchen. Vogelkopf in einem Blätterkranz. *Rs.* Bogen, darunter drei Kugeln. Gold. S. 80.

50. Carl der Grosse, 768—814. CARLVS in zwei Reihen, A und R zusammengezogen. *Rs.* LEM darüber Strich, unten Kreuz. Denar von Limoges; ältester Typus. S. 89.

51. Ludwig der Fromme, 814—840. + HLVDOVVICVS IMP Kreuz mit Kügelchen in den Winkeln.

Rs. XPISTIANA RELIGIO Säulentempel, darin ein Kreuz. Denar. S. 90.

52. Otto I., 936—973. + ODDO + IMP . . . . Kreuz, in dessen Winkeln drei Kugeln und ein besonderes Zeichen. *Rs.* S (mit einem Querstrich für Sancta) CoLoNIA (in drei Zeilen). Denar nach Cölner Typus in Soest geschlagen. S. 94, 96, 98.

53. Otto III., 983—1002 und Adelheid. + HA . . . REX (rückläufig) Kreuz, in dessen Winkeln ODDO. *Rs.* DH . . HAE . . . Kirchengebäude. Denar. S. 99.

54. Heinrich II., 1002—1004. HEINRIC RX, die Buchstaben sind unter einander gestellt. Gekröntes Brustbild von der rechten Seite. *Rs.* AVGSTA CIV Kreuz, in den Winkeln ein Dreieck, ein Ring und zweimal drei Kugeln. Augsburger Denar. S. 94.

55. Münster. + ODDO + — ✱ VINC Kreuz, in den Winkeln vier Kugeln. *Rs.* MIMIGARDEFORD, der alte Namen von Münster; Kirchengebäude mit drei mit Kuppeln versehenen Thürmen. Denar aus dem 12. Jahrhundert.

56. Bergamo (Friedrich II., 1212—1250). FREDERICVS IMPRT Brustbild mit Lorbeerkranz von der rechten Seite. *Rs.* PGA—MVM. Gebäude mit fünf Thürmen. Denar.

57. Boemund, 1163—1201. + BOAMVNDVS. Behelmter Kopf, im Felde ein Halbmond und ein Stern. *Rs.* ✱ · ANTIOCHIA Kreuz, in einem Winkel Halbmond. Kreuzfahrermünze. S. 100.

58. Grosser Wendenpfennig, 10. Jahrhundert. Kreuz mit Kugeln in den Winkeln; statt der Umschrift Striche, Ringel und Kreuz. *Rs.* Kirchengebäude. S. 100.

59. Kleiner Wendenpfennig, 11. Jahrhundert. Verziertes Kreuz. *Rs.* Breites Kreuz. Beide

Kreuze sind von je vier zwischen Dreiecken stehenden Buchstaben umgeben, die mehr oder minder deutlich die Worte CRVX und VERA ergeben. (Vgl. J. und A. Erbstein, Dresdener Doubletten-Katalog Nr. 1538). S. 100.

Brandenburgische Denare oder Pfennige.

60. Johann I. Söhne, 1266—1308. Der sitzende Markgraf, in jeder Hand einen Schlüssel haltend; daher wohl aus der Prägestätte Salzwedel hervorgegangen. *Rs.* Fünf kleine Kreuze, in Kreuzform zusammengestellt, dazwischen vier Halbmonde. S. 141.

61. Otto der Kleine, 1294—1304. Der Markgraf stehend zwischen vier Adlerschilden. *Rs.* Adlerschild, um dasselbe O • T • • O • Prägestätte Drossen. S. 141.

62. Derselbe. Der Markgraf stehend zwischen den Buchstaben O T T O. *Rs.* MARCHIO • OTTO • im Felde Kreuz. S. 141.

63. Otto von Baiern, 1366—1373. Der stehende Markgraf, mit der Rechten eine Lanze haltend, mit der Linken auf ein Schwert gestützt. *Rs.* Schreitender Bär. Berliner Pfennig. S. 140.

Bracteaten.

64. Friedrich I. (Barbarossa), 1152—1190. FRIDERICVS IMPERATOR ET SEMPA. Der auf einem Bogen sitzende Kaiser, in der Rechten ein Lilienscepter, in der Linken einen doppelten Reichsapfel haltend; im Felde ein Ringel. S. 110.

65. Derselbe. FRIDERO SIMPER. Unter dreibogiger Einfassung der auf einem Throne sitzende Kaiser, in der Rechten ein Lilienscepter, in der Linken den Reichsapfel haltend. S. 110.

66. Heinrich der Löwe, Herzog von Braunschweig, 1136—1195. Die Umschift enthält die Worte: DVX, HEINRICS und LEO, letzteres Wort mehrmals und zum Theil rückläufig. Der welfische Löwe. S. 109.

69. Ulrich, Bischof von Halberstadt, 1150—1160. Der heilige Stephanus liegend, über ihm Steine, das Zeichen seines Martyriums, darunter ein Bogen mit der Aufschrift S—S (*Sanctus*) STЄPHAПVS PROTomartyr. Ueber dem Bogen zwei Engel, ein Brustbild haltend. S. 111.

68. Goslar. Adler mit ausgebreiteten Flügeln auf einem von zwei Thürmen flankirten Gebäude; in letzteren zwei Oeffnungen, in welchen die Köpfe zweier Heiligen (St. Simon und St. Judas) sichtbar sind.

69. Beatrix II., Aebtissin von Quedlinburg, 1139—1160. Die Aebtissin auf einem Bogen sitzend zwischen zwei durch eine gezinnte Mauer verbundenen Thürmen. Sie hält in der Rechten ein Lilienscepter, in der Linken das Evangelienbuch. Sehr zierlich geschnittener Bracteat. S. 110.

70. Erzbisthum Magdeburg. Wichmann 1152—1192. SC—S • ΩAVRICIVS DVX Brustbild des Heiligen mit Glorienschein. Er hält in der Rechten einen Palmzweig, in der Linken eine Fahne; unter ihm ein Bogen, in welchem sich ein Thurm befindet; im Felde zwei Kreuzchen und eine Lilie. Sogenannter Moritzpfennig. S. 114.

71. Heinrich I., Erzbischof von Mainz, 1142—1153. HEINRICH ЄRPESFORDI Brustbild des heiligen Martin mit Mitra, einen Bischofstab und ein Kreuz haltend, über einem Bogen zwischen zwei gezinnten Thürmen; unter dem Bogen das Brustbild des Erzbischofs, beide Hände gegen den Heiligen erhebend; neben ihm ein Stern

und ein gezinnter Thurm. Für Erfurt geprägt. S. 110.

72. Abtei Helmstädt. Brustbild des Abtes, welcher in der Rechten eine Lilie, in der Linken das Evangelienbuch hält, über einem Portal, unter welchem sich zwei kleine Thürme befinden. 13. Jahrhundert.

73. Jakza von Cöpnick, 1142—1157. IAKZA COP-TNIK CNE Brustbild des Jakza mit Helm und Schwert zwischen zwei Thürmen, welche durch einen mit einer Kuppel verzierten Bogen verbunden sind. S. 136.

74. Brandenburg. Albrecht der Bär, 1134—1170. ✝ ALBREH (rückläufig). Der Markgraf zu Pferde, mit Schild, Helm und Fahne; im Felde ein Stern. S. 137.

75. Otto I., 1170—1184. OTTO BRANDEBVRGENSIS. Der auf einem verzierten Portal, zwischen zwei Thürmen sitzende Fürst mit Helm und Schuppenpanzer, über der linken Schulter den Mantel, hält in der Rechten das Schwert, mit der Linken eine Fahne. S. 138.

76. Derselbe. BRANDEBVRG. Der zwischen zwei Thürmen stehende Markgraf im Schuppenpanzer mit Helm und Balkenschild, über welchem OTTO (die beiden T zusammengezogen), hält in der Rechten eine Fahne. S. 138.

77. Friedrich II., 1440—1470. Helm mit Adlerflug im Strahlenrande; Prägestätte wahrscheinlich Frankfurt a. d. Oder; sogenannter Helmpfennig. S. 119, 141.

78. Derselbe. Adler im Strahlenrande; über dem Adler ein F. Gehört ebenso wie Nr. 77 nicht mehr zu den eigentlichen Bracteaten, sondern zu den Hohlpfennigen. S. 119, 141.

79. Goslar. Brustbild des heiligen Matthias mit mit Glorienschein, auf der rechten Schulter das Beil, in der Linken das Evangelienbuch haltend. Bracteat späterer Zeit.

80. Braunschweig, Stadt. Nach links schreitender Löwe, darunter schwer zu deutendes Münzzeichen. Sogenannter Löwenpfennig. S. 113.

81. Bernhard, Herzog von Sachsen, 1180—1212. ✿ ERNARDVS DVX V(*itebergae*) nach links schreitender Löwe.

82. Markgrafthum Meissen. Der sitzende Markgraf mit Locken, welche dadurch hergestellt sind, dass der Verfertiger des Stempels eine Anzahl kugelförmiger Vertiefungen mit dem Punzen in denselben geschlagen hat; er hält in der Rechten den doppelten Reichsapfel, in der Linken ein Lilienscepter. Bracteat aus der Zeit Dietrich's des Bedrängten (1197—1220). S. 112.

83. Heinrich der Erlauchte, erste Hälfte des 13. Jahrhunderts. Der Markgraf sitzend, in jeder Hand ein Schwert haltend. Das Haar ist schlicht dargestellt und endigt auf jeder Seite in einer Kugel. Der Bracteat gehört ebenso wie Nr. 82 und 84 zu den rohesten Erzeugnissen der Bracteatenprägung. S. 112.

84. Heinrich der Erlauchte, zweite Hälfte des 13. Jahrhundetts. H·O·C·G· Der meissnische aufgerichtete Löwe von der linken Seite. Sogenannter knopfförmiger Bracteat. S. 112.

85. Lindau. Das redende Wappen der Stadt, eine siebenblättrige Linde mit sechs Blüthen. Perlrand. S. 112.

86. Schwäbischer Bracteat. Brustbild des Kaisers mit der Krone, in der Rechten eine Lilie, in der Linken einen Vogel (Adler) haltend. Der Rand

besteht aus kleinen, halbmondförmigen Verzierungen. S. 112.

87. Friedrich I., König von Sicilien, 1197—1250 (als Kaiser Friedrich II.) ∘ IMP ROM · CESAR · AVG Brustbild des Kaisers in römischer Gewandung und mit Lorbeerkranz von der rechten Seite. *Rs.* + FRIDE — RICVS Adler mit ausgebreiteten Flügeln. *Augustalis* (Gold). S. 127.

88. Florenz. · S · IOHANNES · B*(aptista)*, dahinter ein liegendes Kreuz als Münzzeichen. Der heilige Johannes stehend und mit Glorienschein in zottigem Mantel, die rechte Hand erhebend, in der linken Hand einen Kreuzstab haltend. *Rs.* + FLORENTIA Lilie Goldgulden des ältesten Typus. S. 127.

89. Erzbisthum Trier. Werner von Falkenstein, 1388—1418. WERNER' AREP' * *(Archiepiscopus)* TRE' *(Trevirensis)*. Der heilige Johannes stehend mit Kreuzstab. *Rs.* * MONET * * A NOVA * * WESAL' das Erzbisthum Triersche und das Falkensteinsche Wappen in einem halbgetheilten Schilde, zu beiden Seiten der falkensteinsche und kurmainzische Schild, unten zwei Drachen; das Ganze eingefasst von einem Dreipass. Rheinischer Goldgulden aus der Prägestätte zu Oberwesel. S. 128, 129.

90. Ungarn. Ludwig I., 1342—1382. + LODOVICI · D · G · R · VNGARIE. Getheilter Schild mit dem Wappen von Ungarn und von Anjou in sechsbogiger Einfassung. *Rs.* ∘ SANTVS ∘ LA ∘ DISLAVS R. Der Heilige stehend mit Krone und Glorienschein, in der Rechten eine Hellebarde haltend. Im Felde ein P und sieben Lilien. Ducat. S. 127, 129.

91. Frankreich. Ludwig IX., der Heilige, 1226—1270. + LVDOVICVS REX. Aeussere Umschrift

✠ BN̄DICTV̄ : SIT : NOMĒ : DN̄I : NR̄I : DEI : IH'V : XP̄I. In der Mitte ein Kreuz. *Rs.* TVRONVS CIVIS Zeichen von Tours (Kirchengebäude); das Ganze eingefasst von einem Kranze von zwölf Lilien. Turnose. S. 118.

92. Böhmen. Wenzel II., 1278—1305. ✠ WEN-CEZLAVS SECVNDVS, äussere Umschrift ✠ DEI 8 GRATIA 8 REX 8 BOEMIE, in der Mitte die böhmische Krone. *Rs.* ✱✠✱GROSSI 8 PRAGEN-SES, der doppelschwänzige Löwe. Prager Groschen. S. 119.

93. Markgrafthum Meissen. Friedrich der Streitbare, 1407—1428. ❀FRID ∘ DEI ∘ GRA-CIA ∘ TVRING ∘ LANG. Schild mit dem meissnischen Löwen auf einem Blumenkreuze in vierbogiger Einfassung; in den Winkeln derselben C R V X. *Rs.* GROSSVS ∘ MARCH ∘ MISNENSIS. Der thüringer Helm mit den Büffelhörnern, an welchen sich je sieben belaubte Stäbchen befinden. Thüringer Groschen. S. 122.

94. Friedrich der Einfältige, 1406—1440. ✠FRID ∘ DI ∘ GRA ∘ TVRING ∘ LANGRAVIS. Lilienkreuz in vierbogiger Einfassung, in den Winkeln derselben C R V X. *Rs.* ✠ GROSSVS ✠ MARCh ✠ MISNENSIS der aufgerichtete meissnische Löwe, vor ihm ein b. Meissner (Fürsten-) Groschen. S. 121.

95. Friedrich III., der Weise, Kurfürst von Sachsen, 1486—1525, prägte gemeinschaftlich mit den Herzögen Georg und Johann von 1500—1525. ✱ FRIDERICVS ∘ GEORGIVS ∘ IOHANNE Engel, das Schild mit den Kurschwertern vor sich haltend. *Rs.* ✱ GROSSVS NOVVS DVCVM SAXONI. Vierfeldiger Schild mit den Wappen von Thüringen, Pfalzsachsen, Landsberg und Meissen, in der Mitte der herzoglich sächsische Rauten- oder

Balkenschild. Engelgroschen oder Schreckenberger. S. 123.

96. Bisthum Metz. Theoderich, 1365—1384. ThEODC'*EPS'*METE'* der Bischof stehend mit Mitra und Stab, die Rechte zum Segnen erhoben. *Rs.* Innere Umschrift GROSVS METES, äussere Umschrift BNDICTV' ∘ SIT 8 NOME' ∘ DHI' ∘ NRI' ∘ IhV' ∘ XPI ∘ in der Mitte ein grosses Kreuz, dessen Arme die innere Umschrift durchschneiden. Groschen.

97. Brandenburg. Friedrich I, Kurfürst 1440—1470. ✠ FREDER (E und R verbunden) ICVS ∘ D ∘ G ∘ IMPI ∘ ELECTOR Adlerschild. *Rs.* ✠ MONETA ∘ NO ∘ MARCh ∘ BRANDBRG. Vierfeldiges Wappen von Zollern und Nürnberg. Brandenburger Groschen. S. 141.

98. Joachim I., Kurfürst, 1499—1535 und Albrecht. ✠ IOAChIM · AL' · D' · G' · MARChIO · BRAND' Adler mit Scepterschild auf der Brust. *Rs.* ✠ MONETA · NOVA · ANNO · DOMINI 1501 Kreuz mit den Wappen von Zollern, Nürnberg, Brandenburg und Pommern in den Winkeln. Groschen. S. 142.

99. Mailand. Johann Galeazzo Sforza, unter der Vormundschaft seines Onkels Ludovicus Morus, 1476—1494. - IOGZ - M - SF - VICECOMES - DVX - MLI - SX - Brustbild von der rechten Seite. *Rs.* - LV - PATRVO - GVB'NANTE - Viergetheilter Schild mit dem Wappen von Mailand und Visconti. Teston. S. 135.

100. Tirol. Erzherzog Sigismund, 1439—1496. SIGISMVNDVS ARChIDVX AVSTRIE · Der Erzherzog stehend zwischen einem den österreichischen Schild haltenden Löwen und einem Helm. *Rs.* Turnierritter auf galoppirendem Pferde, darunter die Jahreszahl 1486,

in einem Kreise von 16 Wappen. Thaler. S. 130.

101. Grafen Schlick. Stephan († 1526) und seine Brüder. ∘ ΛR*(ma)* 8 DOMI*(norum)* 8 SLI*(ickorum)* 8 STE*(fani)* 8 ET 8 FRΛ*(trum)* 8 CO*(mitum)* 8 D*(e)* 8 Ƅ*(assano)* ∘ Der heilige Joachim, das Schlicksche Wappen haltend, im Felde S I. *Rs.* LVDOVICVS 8 PRIM*(us)* 8 D*(ei)* 8 GRΛCIΛ 8 R*(ex)* 8 ƄO*(hemiae)*. Der böhmische doppelschwänzige Löwe. Joachimsthaler. S. 132.

102. Sachsen. Friedrich III., der Weise, Kurfürst, 1486—1525, prägte gemeinschaftlich mit den Herzögen Georg und Johann (1500—1525). FRIDЄRI 8 GЄORGIVS 8 IOHANN, die Umschrift unterbrochen durch vier kleine Wappenschilde. Brustbild des Kurfürsten im Hermelinmantel, mit Kurhut und Kurschwert. *Rs.* MONЄT 8 ΛRGЄDVCVM SΛXON, in der Umschrift ebenfalls vier kleine Wappenschilde. Die Brustbilder der beiden Herzöge, sich gegenseitig anschauend. Klappmützenthaler, vor 1507 geschlagen.

Die bei den sächsischen Fürsten häufig vorkommende gemeinschaftliche Prägung rührt von dem gemeinschaftlichen Besitz her, in welchem sich die betreffenden Bergwerke und Münzstätten befanden. S. 132.

103. Brandenburg. Joachim I., 1499—1535. IOΛCHIM MΛRCHIO ∘ BRΛN PRIM ∘ ELECT 8 Brustbild des Kurfürsten mit dem Kurhut und Hermelinmantel, in der Rechten das Kurscepter. *Rs.* MONE 8 NO ∘ ΛRGEN 8 P 8 ELECTORIS 8 BRΛNDB ∘ Vierfeldiges Wappen, im Herzschilde das Kurscepter, oben die Jahreszahl 1522. Thaler*). S. 142.

*) Sehr seltener Thaler; das Original befindet sich im Königlichen Münzkabinet zu Berlin.

104. Gustav Adolph, König von Schweden, 1611—1632. ✱ GVSTAV : ADOLPH : D : G . SVECO : GOTHO : VANDALO : REX . MAG Geharnischtes Brustbild des Königs mit Lorbeerkranz. *Rs.* PRINC : FINLAND : DVX ETHO : ET . CARDOM : ING Gekröntes Wappen, darüber die Jahreszahl 1632. Schöner, wie der unter dem Wappen befindliche Stadtpyr zeigt, zu Augsburg geprägter Thaler.

105. Landau. Fünffeldiges Wappen in einem Kranze; um dasselbe C . A . H . Z . W . 1713; oben PRO CAES . & IMP ., unten BEL:LANDAV 2. FL: 8x, in vier Ecken gekröntes Monogramm, aus den Buchstaben C und A bestehend — Alles mit kleinen Stempeln eingeprägt. Silberne Noth- oder Belagerungsmünze (achteckige Klippe), während der Belagerung Landau's im Jahre 1713 vom Herzog Carl Alexander von Württemberg aus silbernem Tafelgeschirr geprägt. S. 169.

106*). Karl V., römisch-deutscher Kaiser, 1519—1556. ❀ CAROLVS · V · DEI · GRATIA · ROMAN · IMPERATOR · SEMPER · AVGVSTVS · REX · HIS · ANNO · SAL · M · D · XXXVII · ÆTATIS · SVAE · XXXVII · Brustbild des Kaisers in reich verzierter Kleidung, mit der rechten das Scepter, mit der Linken den Reichsapfel haltend. *Rs.* Der zweiköpfige Reichsadler, über demselben die Krone; auf der Brust des Adlers liegt ein grosser Wappenschild, um denselben der Orden des goldenen Vliesses. Zu Seiten des Schildes die Säulen des Hercules im Meere, mit der Devise PLVS OVLTRE. Schöne Medaille von Hans Reinhard dem Aelteren. Silber. S. 173.

---

*) Die Originale von Nr. 106 und 107, welche zu den schönsten Erzeugnissen der Medaillenkunst aus der Zeit der deutschen Renaissance gehören, befinden sich im Königlichen Münzkabinet zu Dresden.

107*). Georg, Markgraf zu Anspach, † 1543. V·G·G· GEORG · MARG · — ZV : BRAN : ZC : HERCZ : IN · SCHLE : ZC. Bärtiges Brustbild von der rechten Seite. *Rs.* V . G · G · ÆMILIA · MARG : ZV : BRA : GEBORNE · HERCZ : ZV : SACHS · — Brustbild von der linken Seite mit Haarhaube und Barett. Gold.

Register.

Berichtigungen.

Seite 94 Zeile 13 von unten lies 54 statt 53.
„ 99 „ 10 „ oben „ 53 „ 54.
„ 100 „ 9 „ unten „ Rhodus statt Rhodes.
„ 118 „ 5 „ „ „ Jesu statt Jcsu.
„ 160 „ 4 „ oben „ Monasteriensis statt Monaesteriensis.

A. Seydel & Cie., Berlin C., Neue Friedrichstr. 48.

Tafel I.

LICHTDRUCK VON STENGEL & MARKERT IN DRESDEN.

LICHTDRUCK VON STENGEL & MARKERT IN DRESDEN.

LICHTDRUCK VON STENGEL & MARKERT IN DRESDEN.

Tafel IV.

LICHTDRUCK VON STENGEL & MARKERT IN DRESDEN.

LICHTDRUCK VON STENGEL & MARKERT IN DRESDEN.

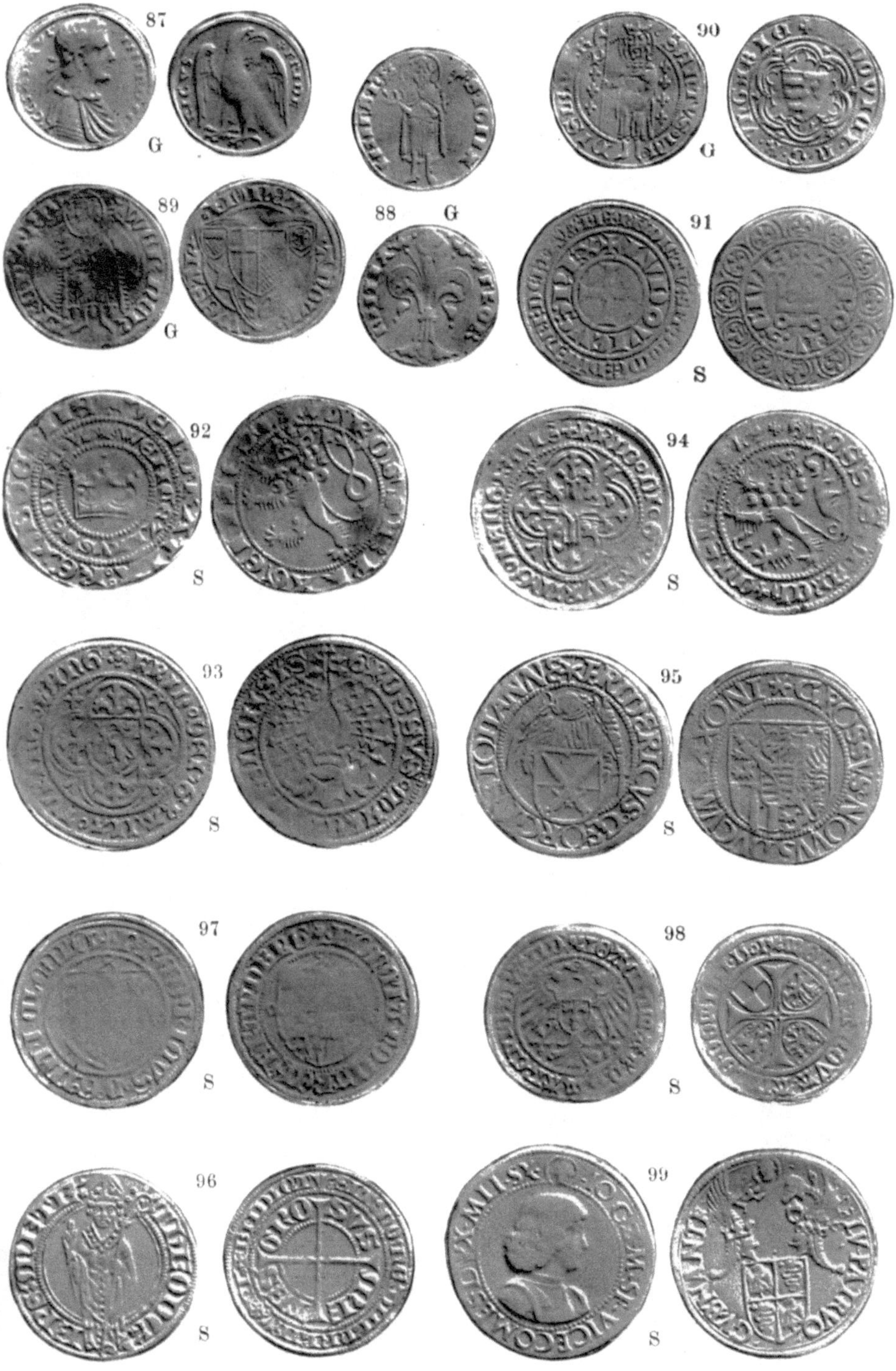

LICHTDRUCK VON STENGEL & MARKERT IN DRESDEN.

LICHTDRUCK VON STENGEL & MARKERT IN DRESDEN.

106

S

107

G

107

G

106

S

LICHTDRUCK VON STENGEL & MARKERT IN DRESDEN.

FSC
www.fsc.org
MIX
Papier | Fördert gute Waldnutzung
FSC® C083411

Kolibri 360 GmbH
Ferdinand-Jühlke-Straße 7
99095 Erfurt, Deutschland
produktsicherheit@kolibri360.de